气质美学

TEMPERAMENT ESTHETICS

曹汝萍 著
RUBY CAO

中国出版集团　现代出版社

图书在版编目（CIP）数据

气质美学 / 曹汝萍著. -- 北京：现代出版社，
2021.6

ISBN 978-7-5143-9332-3

Ⅰ.①气… Ⅱ.①曹… Ⅲ.①气质—美学—通俗读物
Ⅳ.①B848.1-49 ②B83-49

中国版本图书馆CIP数据核字(2021)第133936号

气质美学

作　　者	曹汝萍
责任编辑	杨学庆
出版发行	现代出版社
地　　址	北京市安定门外安华里504号
邮政编码	100011
电　　话	010-64267325 64245264（传真）
网　　址	www.1980xd.com
电子邮箱	xiandai@cnpitc.com.cn
印　　刷	昌昊伟业（天津）文化传媒有限公司
开　　本	880mm×1230mm 1/16
印　　张	9
字　　数	126千字
版　　次	2021年6月第1版
印　　次	2021年9月第1次印刷
书　　号	ISBN 978-7-5143-9332-3
定　　价	88.00元

推荐序 一

祝贺曹汝萍女士《气质美学》一书出版发行！

通读《气质美学》，感触良多。曹汝萍女士管理经营着多家医疗美容机构，能在日常繁杂的工作之余，写下这样一本好书，精神可嘉。

《气质美学》从她个人的成长奋斗史，一直写到她眼中的美，如何审美，以及审美在医美工作中的重要应用，最后阐述了气质美学六大维度理念。作品无论文字还是图片都很精美，可以看出作者倾注的心血，展现了曹汝萍女士对生活的热爱、对事业的执着和对医美的敬畏。

中国医学美容已经走过了草创时期的粗放阶段，更需要规范化建设和艺术人文的滋养浇灌。树立东方文化自信，倡导东方解剖特征、东方审美、东方医美的系统化解决方案已成为行业共识。为了推动行业艺术人文建设，我们先后成立了中华医学会整形外科学分会艺术人文学组、中国整形美容协会医美与艺术分会、东方整形美容艺术大会、上海宋庆龄基金会怀训整形艺术公益基金，引进国际美容外科排名第一的美容外科杂志 ASJ 中文版，开展各类国际医美合作及艺术人文论坛，曹汝萍女士都是积极的响应者和参与者。

"以美济心。文化与物质，艺术与科学同样重要。艺术能使人有一种美的情感，纯洁的大无畏的奋发的从容不迫的精神"，蔡元培先生百年前在国立艺术院的演讲，在物质高度发达和精神相对空虚的今天，更具有深刻的现实意义。作为医美领域的从业者，在精进技术的同时，更应不断提高审美及人文艺术修养，实现由技术到艺术的升华，从而发现创造求美者潜在的个性化的生动之美。

《气质美学》是曹汝萍女士医美审美领域的探索心得，值得借鉴和学习！

让我们一起勇敢地张开双臂真诚地拥抱艺术人文，愿艺术人文之花在医美领域更加绚烂绽放。

崔海燕

◎同济大学附属同济医院整形美容外科主任

◎美国美容外科杂志 ASJ 中文版主编

◎中华医学会整形外科学分会艺术人文学组组长

◎中国整形美容协会医美艺术分会会长

◎上海宋庆龄基金会怀训公益基金主席

推荐序　二

很荣幸能成为曹汝萍女士新书《气质美学》的首批读者，并为其写序。这本书把气质美学诠释得太好了，融入了很多个人独到的见解和人生感悟，令从事整形外科多年的我也深有感触。人类的审美意识是历史的产物，是随着时代的发展和科技的进步而不断变化的。很明显，传统的美学观念已经无法适应日新月异的时代潮流，千人一面的审美也无法满足当代求美者不断变化的需求。

《气质美学》从亘古不变的"美"的话题出发，探讨了人类美的发展史，以及不同时期的美学观念。气质美学便是曹汝萍女士在追求美的道路上的新探索，她说，美不是单一的，它包含了方方面面丰富的内涵。一个人走过的路、看过的风景、读过的书、遇过的人，内在的修养和素质，都会刻画在我们的相貌上，构成独有的气质，那是一种不可复制的美。

曹汝萍女士还通过美业数十年的从业经验，提炼出了一套科学的提升气质美的方法论，并构建了"六商"的知识体系，从美商（BQ）、灵商（SIQ）、爱商（LQ）、逆商（AQ）、性商（SQ）和财商（FQ）六个不同维度出发，为求美者打造独一无二的美。

对于设计美和自然美如何保持统一，气质美学理论在临床医学中如何应用和发展的问题，这本书中也有详细的解答。如果医美行业从业者都能够阅读此书，并自觉地将气质美学审美及美感的基本原理科学地运用于美容医学实践，相信我国的整形美容外科事业必定能取得质的飞跃。

丁芷林

丁芷林

◎中国整形美容协会中西医结合分会会长

推荐序　三

日本文学家大宅壮一曾说："一个人的脸就是一张履历表。"脸，既是人们赖以感知世界的五官的背景，又是人们在社会活动中精心准备的名片，我们在上面填进了自己的荣辱与得失，并且向别人递交着自己的喜怒与哀乐。一千人有一千张面孔，一千张面孔下又是一千颗各怀千秋的心。心灵的奥秘复杂又神奇，一直以来都令人非常着迷，但无奈现代科技水平有限，只能通过每个人的外在表现略见一斑。而那些汇集一个人所有外在表现而给予人的直觉印象，就是我们经常说的"气质"。

不论是服饰、妆容、表情还是肢体语言，都是一个人气质的某种表现，而其中最具有特征性的无疑是反映着七情六欲的脸部。《气质美学》一书着重探讨脸部对气质的影响，从古希腊时期美学的黄金分割论，到文艺复兴时期艺术作品的审美效应，再到互联网时期 AI 的算法与大数据，旁征博引并积水为海，以直观的、科学的角度来探讨脸部的各种类型参数，尝试提出构成"美感"的相对标准，令人信服地建立了脸部、气质与美学三者之间的对应关系，为研究气质乃至于心灵提供了独特并且可贵的视野。

很多人会觉得外貌是天生的，后天难以再进行改变，但是天生的其实只有外貌的轮廓，一个人的气质往往会由内而外地改造外在的相貌。"相由心生"并不完全是空穴来风，美好的心态与美好的生活习惯，往往会令人心动地体现为美好的气质。

这本书的作者，也就是我的好朋友曹汝萍女士，是对五官和形象进行过多年研究的气质美学领域内的专家，她针对这一领域在本书中深入浅出地提出了许多建议，包括心理学、脑科学、雕塑美学、艺术美学、人类学中的融合知识，来解析相貌审美、相貌的美学体系、相貌的社交属性；以及如何透过六商助力气质美学，讲解什么是气质美学，什么是六商。读后会大大提升你的生活品质及幸福指数。中肯又实际，实践性很强。如果你想要在生命中得到不同凡响的翻转，那这本书是值得细细品味的。

谢丽君
◎上海东方卫视形象总监

推荐序　四

　　我曾在《我们终将遇见爱与孤独》这本书中讲过，每个人的脸上、气质、气场里面，都写着他走过的路，看过的书，交往的朋友，爱过的人；甚至他的人生观和价值观都可以一览无余地读出来。所以气质是一种高级美学，也是一种由内而外改变的向上力量。希望这本《气质美学》可以让更多的人注意到，气质之美，永远是由内而外散发出来的。

张德芬
◎华语世界深具影响力个人成长作家

推荐序　五

好的老板必然是好的人生导师

什么叫作美？说起美丽，1000 个人有 1000 个标准。但是有一种美，美得让人过目不忘，记忆犹新，它并不是那种张扬的，掠夺式的美，而是出于发自内心的力量和信心。在曹汝萍女士的身上，我不止一次地发现过这种美，我管它叫作气质之美。

得知曹汝萍女士要写一本关于气质美学的书。我便在想要为她写一篇序。也许她自己都不知道自己对周围的人的影响到底有多大。这个世界对女人的要求是苛刻的，很多时候，我们会在他人的影响下产生自我怀疑。要怎样找到自己？还需要高人指路。

在认识曹汝萍女士之前，我所认识的医美界的从业人士大多对美有一种近乎严苛的要求，但是她不一样，曹汝萍女士不止一次跟我说：美是发自于心的，是一种内在之美，如果不能引发客户发自内心对自己的接纳，再好的手术也不能实现它的价值。

她知道我擅长做女性心理的疏导，所以一直和我探讨要怎样赋予客户内在的价值和力量。她不止一次邀请我为她的客户做直播分享。在我的直播中提到的关于女性价值的塑造和对内在的探索旅程，她和团队会很认真地记录下来，和客户分享。

这么多年在外，我帮助无数的品牌和机构做过分享，从来没有见过一个团队会认真到如此的地步，她们是真的在意女性的成长，所以客人在她的身边，感受到的绝对不仅仅是外表的改变，收获到的是一个女性领袖发自内心的关怀和温暖。当时我就想，这个团队不成功，谁能成功呢？要知道，价值观的输出和好学，是经营公司的最高境界啊！

我开始向她请教管理之道，我明明身为导师，却对自己的团队无能为力。她告诉我所有的经验和方法，让我受益匪浅。要经营好一份长青的事业，不是简简单单的想要就可以，而是涉及种种"功夫"，其中艰辛非常人所能克服。最难能可贵的是，她愿意毫无保留地告诉我，因为她希望我可以成功。这份爱的给予让我感动，也再一次体会到了她的格局和大气。

曹汝萍女士非常美。跟她在一起，你会感受到一种活力。她似乎永远都不会疲惫，就像永动的发电机，不断地给身边的人注入力量。是的，她的美是具有力量的。很多人都认为女性的美就要柔软，但是柔软也是要有力量支撑的。如果这一力量寄托在别人身上，她将永远无法获得真正的成长。

我相信，曹汝萍女士用自身给这个时代女性示范的是一种发自内心的自信之美。你可以把它说成气质美学，也可以把它说成一种内心的安定，因为找到自己的使命和信仰，因为知道要给这个世界带来什么，那种因明确的目标和使命感所带来的坚定。

我想，一个老板的优秀并不在于个人的美若天仙或是智力超群，而是具备能够影响他人的能量。

她的美丽并不仅仅是自己一个人的绽放，也让周围的人，包括她的团队重获新生，每个人的眼睛里都有光。他们在一起并不仅仅是为了一份事业，那是一种使命感的共担和对未来的期许。一个好的老板必然是一个好的人生导师，能够从内向外地影响身边的人，这份力量也会像涟漪一般扩散出去，帮助更多的女性，打开属于自己的那份不会随着时间消散的美丽宝藏。

范玥婷

◎资源整合专家

◎心理咨询师（高级）

◎利他联盟创始人

◎卡枚连商业集团董事长

推荐序 六

　　由于曹汝萍女士的厚爱，嘱我为《气质美学》写序，因而有幸先读到书稿。首先我要感谢曹汝萍女士的辛勤付出，在她的精心编著下，这部资料丰实、图文并茂、专注研究气质美学的书籍才得以出版。

　　作为中国医疗美容行业最早的一批创业者，曹汝萍女士在业界的地位和影响力毋庸置疑。她亲历了整个行业的盛衰与成长，对行业的现状和未来发展趋势有着敏锐、深刻的洞察。在我看来，《气质美学》是应时而生的。她在书中提及，"气质美学"是一门综合研究形态美和气质美的美学新学科，它承袭了东方美学的精神内涵，融合了西方数理美学精髓，以3D马夸特面具（亚洲版）为基准，结合透视、解剖、明暗等科学与医学手段，量化美、剖析美、呈现美。从型、色、风格、内涵等多角度入手，诠释自然、协调之美。

　　与此同时，它还主张美不是单一的，应该既有符合黄金比例的形态美，也有或优雅、或高贵、或性感、或清新的气质美。在此基础之上，气质美学又延伸出了6个不同的维度——美商（BQ）、灵商（SIQ）、爱商（LQ）、逆商（AQ）、性商（SQ）和财商（FQ），六商合一，外在的美与内在的成长互相融合，互为补充，才能最终完成美丽蜕变，成就与众不同的气质。

　　尤其近年来，随着审美意识更加独立、成熟的新一代求美者"95后"的进入，医美市场日渐呈现审美多样化的特点，精灵脸、高级脸、初恋脸、鲇鱼脸、厌世脸、超模脸等形容外貌的新词层出不穷，说明具有个人特色的美越来越受欢迎，相比千人一面的"网红脸""明星脸"，求美者更倾向于在个人的容貌特点和基础上进行调整。审美标准趋向多样化，意味着行业对整形美容外科医师综合素质的要求越来越高，除了过硬的专业实力外，深厚的美学修养也必不可少。

二十多年的临床生涯，我治疗过近5万求美者，其中包括5千多个泪沟案例，深知填充注射往往是牵一发而动全身。如果仅填充凹陷部位，而没有其他细节的呼应，很难实现整体和谐、自然的美感。唯有将自己的技术与审美相结合，并充分考虑求美者的需求，进行整体的美学设计，才能将求美者独特的气质美完全展现出来。因为美是医师和求美者共同追求的结果，而技术是变美的一种手段，审美和技术缺一不可，两者不是对立，而是相辅相成的关系。一味追求技术，而忽视自身美学素养的沉淀，只会做手术而缺乏审美，不会整体的设计，都不能算是一名合格的执业医师。

基于这一共识，我还与曹汝萍女士共同创立了颜鉴 MOR 国际医控中心，秉持医疗初心，以"为中国健康美丽事业培养中坚力量"为使命，帮助从事整形外科的医师在技术上持续精进，在学术领域共同研创，在美学上不断磨砺，为市场培养和输送更多优质人才，推动构建和谐健康的医疗生态圈。

最后，我要祝贺《气质美学》顺利出版，我相信此书对有志于从事整形外科的医学生，以及正在从事相关行业的临床医师，甚至是整个行业，都具有很高的实用和参考价值，相信也会启发广大读者对"美"的全新认知和思考。

黄耀麟
◎颜鉴 MOR 国际医控中心联合创始人兼 CTO

推荐序 七

很荣幸为曹汝萍女士的首作《气质美学》写序。曹汝萍女士自信、独立、内在丰盛，充满智慧。并且她在不断提升自身价值的同时，也竭尽所能地帮助他人发现自我、鼓励他人勇敢追求独立的精神与自由的人格，修炼独一无二的气质、蜕变为更好、更美的自己。

说到"美"这个概念，见仁见智，众说纷纭，在世界文明历史的进程中，人类对美的追求与探索从未停止过，因此促成了各类美学理论研究的流派纷呈，百花齐放的局面。然而曹汝萍女士另辟蹊径，从美商、灵商、爱商、逆商、性商和财商六大维度出发，以全新的视角将《气质美学》的价值和独特魅力，更加全面、完整地展现给了读者。

相信这本书不仅适用于医疗美容行业的业内人士，同样也适用于所有人。希望《气质美学》这本书能够帮助越来越多的人，从中获得受益一生的处世智慧以及通抵幸福人生的密钥。

2021.2.4

吉祥老师

前言

为美坚持

我是一个爱美之人，喜欢耽溺在任何美好事物里。我身边也尽是美丽的人。

而我们真正理解的美丽是什么？

年轻人都说，这是个"颜值即正义"的时代。而在我们中国人的古老智慧里，已经将"颜值"这件事研究得淋漓尽致。眉来眼去、眉目传情、面目可憎、唇红齿白、眉如墨画、炯炯有神，我们在这些成语看到了关于人脸所能传达的丰富内涵及信息，传统的中国面相学里，更是指明了"脸是一生命运的缩影"。但是脸不只是好看，更多时候脸是气质神韵的表现。乃至现在我们对一个美人最大的赞誉，便是气质美人。究竟所谓气质为我们个人带来的心理暗示，乃至与他人交往时产生的交流，会带来什么样的变化？这是一个值得探究的话题。

再回顾人类历史上，古来多少英雄豪杰都是一怒为红颜，从西方引起木马屠城记的海伦，到中国吴三桂为了陈圆圆打开山海关引清兵入关，一个充满气质特色美人，除了让后人铭记津津乐道，更可能是改变历史的一个重大拐点。

不得不说，脸，有好多故事可说。

从事美容业数十年，我更深刻体会，美不只是皮相的"好看"，而是一种从内而外改变的向上力量，这个力量帮助许多人积极改变。综合了外在形象调整和心态的改变，古人说相由心生，但是在日新月异科技进展迅速的今天，相貌的调整和掌握成为可能，我见证了许许多多心由相转的例子，一个拥有更高气质美感的人，提升了自我的信心，得到了更多人抛出的橄榄枝，在职场工作与家庭之间，由于积极快乐的心态，也直接获得了更多的改善和益处，外在和内在成为两者互为拔高、相辅相成的颜值提升器，好的外在增加了内在正向的磁场强度，强大的内在磁场映照在优质的颜值上，就是所谓的相得益彰！

我们常说这个人气质很好，细究其五官也许不一定样样都没有缺点，但是一定是一张排列组合让你觉得有记忆点，并且能透过整体感知内在精气神的美好，这种无形的气质是透过有形的形体和脸孔来投射的。

气质，是一个人魅力永恒的行走镁光灯。

我为什么要写这本书？都是美所推动，因为心中有美，更乐于分享！我在美容业数十年的经验，凝聚出一个具有系统的科学颜值鉴赏方法论，并将"六商"的系统知识建构，从六个不同维度出发，为每个追求美的你打造出专属的美。例如，"气质还分很多种？""不同的五官组合体现了不同的气质？""每个人的审美都是不同的，美貌有标准吗？""个性审美如何以科学的方式来解读？""美是一种感觉，可以量化吗？""说一个人有气质和说一个人很漂亮，在潜意识里是一回事吗？""别人怎么看我？"" 我们为什么会以貌取人？""我要如何变美？"等等。

本书用大量的图片和简单易懂的文字，以深入浅出的方式解答了读者对美貌的认知疑问。全书内容包括心理学、脑科学、雕塑美学、艺术美学，人类学中的相貌审美、相貌的美学体系、相貌的社交属性、六商助力气质美学能提升你的生活品质，等等。

透过万张脸谱的分析数值，我们得到了关于脸孔和气质之间微妙的关系， 这些精准的分析和工具可以协助我们在了解自己后，决定改变自己时，有更科学更精准的依据，而不再是拿着明星的照片说，我想成为下一个他。

当然，本书最关键的价值输出是第六章的"六商助力气质美学"，六商分别是哪六商？六商如何助力气质美学？为什么我们要理解并且学习六商？这个部分的剖析会带你更深一层地理解美的深层价值定义，远远脱离表层美的表象，升华至灵性的美。

你应该成为你自己，从外而内，再从内而外，改变成更好的自己。

为此，我们一起努力！

《气质美学》是给普天下爱美之人真诚而坚持的礼物。

◎生命的列车/很多人的"一生"平凡而健康地工作和生活着，就如一条起伏不大的线条。有些人一生就如抛物线一样地一路走来，看似艰辛和坎坷，但是在更高的一个维度来看，把线条拉直了，他的生命比平凡的人多了"一世"，生命的重置在于自己的内在力量阳升……

◎一个有深度的灵魂，是要遭遇思想的探索和人性的磨砺，一个真正的强者，是要接受生活中各种的考验和时间的检验，强者自强！

◎追寻只是一种"假象"，它催促着你的生命，仿佛你一直缺失些什么。事实上，从你出现的那一刻，你与周围的一切都是圆满的。只是，它不符合头脑对圆满的理解……

　　这也是能"安住当下"的见地。

——吉祥

　　◎成事之心源于能量释放，胆怯是因为恐惧而失去机会，相信做事有原则、有结果、有方向才有未来，过去已过去，未来已来，你在哪里？

第一章

Chapter 1

◆

向美而生的我

I Was Born To Beauty

我顺从的前半生
与顺意的后半生

◆ 来自大山

你看过贵阳的大山吗？在那一个个因为自然雕饰高低巍峨的山岳里，梯田错落，溪流蜿蜒，云雾围绕，这是自然的馈赠，让我很小就领会了自然之美。这种对于美好的向往，就是长在我脑子里的一面镜子，伴随我长大的时光里，反射所有对于美

⊙作者在成都尧棠公馆

好事物的热情。然而在我很小的时候，我脑子里总有一个声音告诉我，总有一天我会离开这座大山，去到更大的世界里。

我生活在大山里，在父母的疼爱下，肆无忌惮地长大。作为家里最小的孩子，我上面有两个姐姐和两个哥哥，家庭曾有过经济拮据的困境，到了我生下来的时候有了很大的改善。于是我仿佛带着家庭的美好转折和所有人的疼爱，养成了一种天生大无畏的霸气。父母总是满足我那些小小的物质愿望，在刚开始有黑白电视机的年代，我就已经有了自己的自行车，随时踏着自行车想去哪里就去哪里的自由，特别的舒服和开心。

我在学校里还是个孩子王，总是负责协调同学之间鸡毛蒜皮的小事。记忆中，班上有个女孩长得非常瘦弱，坍塌的鼻梁总是挂着两行鼻涕，营养不良的枯黄头发，绿豆大般的眼睛总是闪躲，不敢和我们正视。虽然她长得毫无存在感，却成了班上几个调皮男孩欺负的对象，不是故意伸脚绊倒她，就是在她的座位上放各种虫子。

最过分的一次莫过于将教室所有门窗全部关紧不让她进教室上课，当时看着她在教室窗外落下了眼泪。我一股仗义的气势上来，狠狠地吼了男同学们一顿。我嚷着："你们再不给她开门，我立马通知老师去！" 闹腾中，他们终于开了门，我看着她怯怯地走进教室，讪笑声没有停过，那张所有人都觉得不美的脸上挂着豆大的泪水，脸上集合了自卑、恐惧，不快乐。那是我第一次深刻感受到，一个人可能会因为他不被人喜欢的外在，遭受多大的歧视、排挤，以至于可能一辈子都会心理扭曲。

◆ 走出大山

后来走出大山多年，她的名字就不曾在同学的回忆交集中出现过，就像一个短暂出现又消失的人一样，从此没有留下痕迹，只在我现在回忆的片段里闪现。

而我中专毕业之后走出大山，到了中国最南面的海南岛。那时候海南岛刚刚建省，有大量的工作机会，我觉得从大山往海岛走去，是一个全新的人生体验，愿意

⊙作者在三亚

⊙作者与女儿

接受挑战的一种新生活仿佛就在南方展开。当时我的第一份工作是在一个贸易公司做销售。那是一个非常锻炼人的工作，我总是不论晴雨骑着自行车在码头和公司之间奔波，即便是烈日当头的中午也是，更多女同事则愿意待在办公室里躲太阳。我的勤奋和努力，不到月末的时候就能体现出来，因为办公室的女孩们总会轮流来和我借钱，我总是业绩及收入最好的那个。后来理解了，卖东西的工作本质不是买卖，是一种人和人的信任交流，当你以真诚直率的性格做事待人，客户都能感知到，我也在这份工作里，意识到自己适合做和人打交道的工作。

还有最大的转折，是遇到了孩子的父亲。

他是个温柔顾家的上海男人，在 20 多岁的时候，感情的最终归属就是婚姻，所以我也就顺理成章地结婚，怀孕，生下我的女儿。

◆ 从奉献到找出自我

就像每个有家庭、孩子的女人一样，我也以为，从此相夫教子会是我一生的归宿。我也在孩子出生后一段时间过上了稳定而幸福的生活，但是总有一个想要自己做点什么的念头隐隐在萌芽，每天晚上带着孩子外出散步的时光，是我每天家庭生活中只属于自己的小快乐。抬头看着上海这座繁华城市的万家灯火，我也期待在这些灯火之中，有属于我自己的小家和房子。

当时就开始尝试找些简单工作，我到商场做文胸销售员，把店里的销售成绩从最后一名拉抬到第一名。也尝试做过小本生意，专做妇女和儿童用品的零售门店，这个自己创业的小尝试，非常辛苦而且充满挑战，对于我日后的发展也有很大影响。

后来孩子的父亲被调派到新疆工作，我开始下定决心要做一份自己的事业。

于是到当时上海一个有名的护肤彩妆大品牌学习彩妆和护肤，1998 年开启了我美容事业的开端，并且在攒够一笔开店本金后，开了一家属于我自己独立营业的加盟店。从找门面到装修，都没有假手他人，做店长，招人培训，服务客户累积口碑。并且在基础护肤之外，拓展出新娘妆的业务。当时我最有成就感的事，就是看到新嫁娘在我的巧手之下变得美丽动人，去迎接她人生的新阶段。那个为客户服务的过程后来竟然成为我自我提升的力量。我拼命地在事业上冲刺，是因为我意识到，我再也不想回到以前的生活，一个女人最可怕的是没有独立的人格和自我，把牺牲奉献作为生活的全部。

◆ 在事业的高峰与低谷

通过我自己的努力，3个月的时间就在品牌内部做到最高级别的美容师，做市场推广、销售、管理培训、团建，学生遍布北京、贵阳、福建、上海。直到后来组建团队，开发市场扩张到100~200家门店时，我开始遇到了事业第一个瓶颈，在我思考下一个出路的时候，出路找到了我。2009年时接触到了美容行业的新风向，我开始尝试调整方向，并且和另外3位合伙人将这番新的事业以分工的方式做强做大，业绩在短短几年以很快的速度增长，我走上我美容事业的第一个高峰期。但是人生哪有永远的高峰呢？当公司的业务做大做强之后，利益的驱使会揭露人性很多贪婪

和丑恶的一面。我们开始面临被挑拨、被分化的各种挑战。几个创始人吵吵闹互相拉扯的那个阶段，我身上累积了很多负能量和不好的磁场，因为被其他人孤立，被迫与自己一手打造的事业版图分离，我在压力下成了一个很会武装自己的人。因为带着一身暴戾之气，我的身体开始变差，总是愁眉苦脸或是气急败坏，并且将这些不好的能量带给家人。那段时间我总是为了事业的危机一个人在房间喝酒伤神，甚至在预感到最终我们几个合伙人要走上拆伙这条路时，我坐在去南京的高铁上哭得痛心，一种无力感袭来。这中间我也尝试过许多努力，在竞争客户的过程里，我带着自己的团队以最短时间冲到第一名的业绩，靠的是系统的培训及对客户的用心。 我在自己从事美容行业的过程中，也不断在提升自己容貌的状态。我的客户会对我充分的信任，也是因为我在尝试的过程中走过弯路，有过失败的体验，因此我更知道什么是对客户更好的，客户的需求心理是什么。

那是我心里压力最大、生活状态最灰暗的一段经历。女儿在她长大之后回想起我的这段时间，她说总是害怕妈妈一个人在房间喝酒消化情绪。那是我一个人独自面对压力不愿意带给家人担心，却也仿佛在我和她的世界里筑起了一堵墙，那是我最不美丽的一段时光。

2013 年，我们还是分伙了。带着一丝遗憾和客户的鼓励，我重新振作，迅速占领了美容行业的市场，业绩也在我积极面对及变化之后一年一年翻倍地增长。然而我的婚姻也在这个时候出现了问题，我和孩子的父亲在两年后协议离婚。

也许是全心倾注在事业上，孩子的父亲协助我打理事业，是事业上的伙伴，却难在生活上找到高度的契合。多年前那个曾经顺从的主妇，现在每天面对的是许多需要当机立决的果断，事事顺从的日子已经不复存在，我们的关系必然发生了变化。离婚后，我又出现了自我迷失的痛苦，曾经以为可以拥有美满家庭的愿望到此似乎不可能圆满了，虽然事业开始稳定上升，我却对自我的价值在这一年产生了怀疑，我虽然经济富裕，但我为什么没有真正的快乐？

直到我开始接触心理成长课程。

◆ 开始顺意的人生

我在心理成长的学习过程中，重新找回自我。反思人生一路以来，其实就应该做他人的引路人。从我至今的经历里，就是发现美，创造美，乃至现在分享美的过程。我曾经像溺水者，心境压抑而让自己险些溺死，并且抓到任何好像可以求生的浮木便紧抓不放，人与人的关系，尤其是身边亲密的人，随时也有被我拽下水的可能。待我真正梳理好我的内心后，我开始感恩我的前夫，他其实也是一个指路人，我放下对我们关系的执念和他曾经犯下的错误，海阔天空以后，自我强大了，内心的世界也因此安静下来。我更多地关注自己和女儿，运动、养生，随时带着觉知生活着，学习各种美好事物，自我价值的实现和体现从自我觉醒开始。

内外在变美之后，我遇到了我现在的先生，一个坦率的男人。对生活充满热情，对父母充满孝心，我们的交流直接，毫无压力，每一刻都是真实存在的面对。我在前段婚姻里缺失的，在这段关系里就能看得更清楚，婚姻对于我来说再也不是全盘托出以致失去自我，我们应当互相扶持一起成长。

⊙曹汝萍、郑焱夫妇

现在的我，感受着活在当下的每时每刻，过去的我太顾及别人感受，现在我要先满足自己，敢于对违心的事情说不。坦然不依赖过去，也不惧怕未来，不被生理的年龄所捆绑住脚步，未来可期！

而且，我终于兑现了我多年前的心愿。

女儿小时候从同学家回来后，对大房子心生向往，我便许下心愿，终有一日我要带女儿住上属于我们的大房子。

这是我和女儿的家，一个真正有爱、有快乐，有自我成长及实现的家。

◎清晨的雨滴滴打在车窗，轻狂岁月中沉淀出绽放光芒的力量，改变是痛苦的，但改变是必须的。当我们通过改变而获得重生后，我们就能去领略生命新的长度和高度。

◎人生的价值不是名与利的实现，而是个人德行和社会价值体现。志同道合、三观一致方能创造奇迹，缘来缘去，珍惜拥有，笑对风轻云淡……

第二章

Chapter 2

◆

"美"的艺术史

Art History Of "Beauty"

我对于艺术美的感知和开启来自我 18 岁时，收到初恋情人送我的一份生日礼物，那是一座米洛的维纳斯的复刻雕像，算是开启了我对艺术美认知的启蒙。希腊审美影响了人体和五官审美几个世纪，也为我这个篇章的内容注入了引子和灵魂。

人类美的艺术发展史就是一个观看的历史，看世界，看他者，再到看自己。从新石器时代第一个人在石壁上记录下他所看到的牛羊开始，因为"看"而萌发的美学问题，随着人类历史的进化，总是一再地被提出探讨。

在这个篇章里，我们侧重几个章节：希腊艺术告诉我们，当人类开始意识到人体容貌形态之美的时候，有没有超越现实成为理想美的可能？理想美是什么？自然界与人类创造物之中，美有没有一种比例以及标准？还有艺术史上那些"好看"的脸，他们为什么好看？好看的标准是什么？艺术家创造这些好看的脸背后的故事是什么？

通过这些艺术史的故事及分析，我们就能更深入了解，人类追求美好"人事物"的求美、爱美之心，不只人皆有之，更是古往今来没有停止过的追求。

1. 古希腊人的审美理想

我们常说这世界上，理想美的起源发芽于希腊古城邦，古典希腊热衷于竞技，发展出了世界上最早的"运动会"，那也是我们延续至今的奥林匹克运动会的起源。透过人体的运动，希腊人找到了人体运动中的节奏，关注骨骼、关节、肌肉在运动中呈现的美感。希腊人最早将美的议题投注在人身上，并且将其创作为艺术品。

当我们观看大量罗马时期复制或变造的希腊人体雕像时，我们观看的是最为完美的人类典范古典艺术名作。希腊的人体雕塑为何在艺术史上成为这么重要的扉页？因为当我们注视着希腊人体雕塑时，我们会发出这样的疑问：这世上是否真有这样完美的人体和容颜存在？他们反复地折射了几世纪以来艺术家所关心的问题：如何将更多的生命和灵魂注入雕塑的石材里？在艺术家高超的技艺中，通过细心模拟真人，再将其形体美化，去掉不符合自己心中"完美"的部分，他们尽量不做出头部的特殊表情，诸如皱纹，或是浮夸的眉目起伏，这并不是说这些作品单调呆滞，而是说他们的容貌从未流露出强烈的情绪，以免破坏头部的均衡理想。于是这些冰冷的石材雕塑仿佛有了温度，开始活转起来，好像来自另外一个世界，这个世界就是我们心中对美的理想。

何谓理想美？后人对希腊理想美的理解多数以为希腊人是将具象的人体理想化，其实更深层的是：希腊人将活生生的人体经过思考及综合，从中寻找灵魂和肉体结合之美。

◆ 米洛的维纳斯

古典维纳斯雕像中，最广为人知的便是《米洛的维纳斯》[公元 1820 年在米洛司岛（Melos）发现，故而命名之]，也是对我影响深刻的一件艺术品。因为当时我的初恋情人，送我的 20 岁生日礼物便是一尊维纳斯雕像。真迹目前存于巴黎罗浮宫，被发现时已经断了双臂，艺术家处理的手法毫无矫饰或暧昧的痕迹，她以淡淡的微笑，一种安静平和的精致面容，稍带丰腴的肉感身躯，微微隆起的小腹，坚挺圆润的乳房，吸引了历来无数人的目光，也为女人美的形象带来了几世纪以来的讨论标准。

⊙ 古希腊雕刻家阿历山德罗斯作品《米洛的维纳斯》

◆ 掷铁饼者

希腊人告诉了后代人，人的身体有各种可能，人体的外貌及形象美，也可以充满尊贵及完美，人在各种形态中挑战自己的极限，创造了美的可能！

全世界的美学启蒙都受到了希腊的影响，他们为人类找到了美的启蒙，也为人体的理想美树立典范。美，是从个人的身体容貌为起点，并与精神世界的善合而为一，一个健康热爱自己充满自信的身体，就应该萌发出更为崇高的精神，更为自由的生命力，这也是希腊艺术在美学史上带给后人的重要篇章。

2. 美：比例与和谐

我们常说，一件美好的物品，一个美丽的人，一定具有和谐的比例。这是历来对于美的认知几乎没有异议的普世审美观。最早探讨关于什么是美的议题，在古希腊哲学里有深入探讨。

而我们在谈到比例的时候，一定会说到黄金分割比例。关于黄金分割比例的起源及发现大多认为来自毕达哥拉斯学派。黄金分割是指将整体一分为二，较大部分与整体部分的比值等于较小部分与较大部分的比值，其比值约为 1:0.618，黄金比例被运用到的范围相当得广泛，例如数学、物理、建筑、美术甚至是音乐。

这个比例具有严格的比例性、艺术性、和谐性，蕴藏着丰富的美学价值，被公认为最能引起美感的比例，因此称为黄金分割。

画家们发现，按 1:0.618 来设计的比例，画出的画作最优美，在达·芬奇的作品《蒙娜丽莎》，还有《最后的晚餐》中都运用了黄金分割。

而现今的女性比例，多数腰身以下的长度平均只占身高的 0.58，因此前面我们所提古希腊的著名雕像，《米洛的维纳斯》及《太阳神阿波罗》都通过故意延长双腿，使之与身高的比值改变为 0.618。

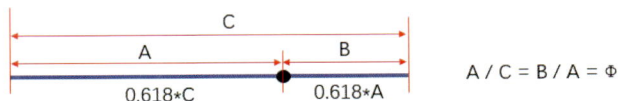

$$A/C = B/A = \Phi$$

$$\Phi = \frac{\sqrt{5} - 1}{2} \approx 0.618$$

⊙黄金比例计算方法

建筑师们对数字 0.618 特别偏爱，无论是古埃及的金字塔还是巴黎的圣母院，或者是近世纪的法国埃菲尔铁塔、希腊雅典的巴特农神庙，都有黄金分割的比例存在。

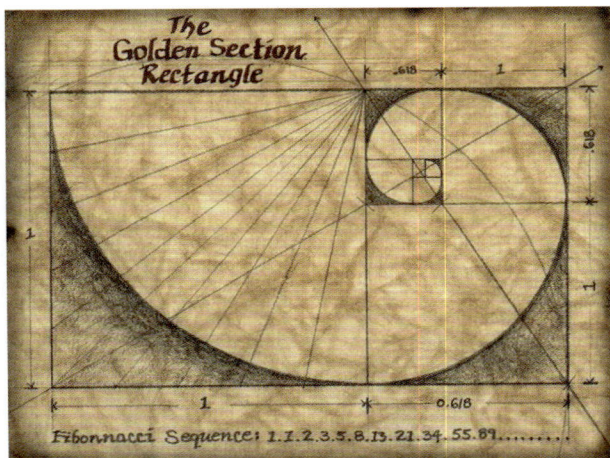

⊙黄金分割线

为什么人们对黄金比例本能地感到美的存在？其实这与人类的演化和人体发育密切相关。从猿到人的进化过程中，骨骼方面以头骨和腿骨变化最大，躯体外形由于近似黄金矩形而变化最小，人体结构中有许多比例关系接近 0.618，从而使人体美在几十万年的历史积淀中固定下来。并且，古典希腊时代将人体美作为最高的审美标准，由人及物，由物及人，依此类比，凡是与人体相似比例的物体就喜欢它，就觉得美。于是黄金分割定律作为一种重要形式美法则，成为世代相传的审美经典规范，至今不衰！

我们在后面的篇章里，还会深入探讨和脸有关的黄金比例标准，在比例与和谐之间的美，的确有很多可以探究的新知！

⊙埃及金字塔

⊙巴黎圣母院

⊙法国埃菲尔铁塔

⊙希腊雅典巴特农神庙

3. 艺术史上那些"好看"的脸

艺术史上有许多关于"脸"的有名画作，这些被熟记，甚至被大量印刷流传的脸庞，都有着怎样美的条件和故事？我们也想了解这些好看的脸，如何美了几个世纪，却从不衰老？这些脸承载了几个世纪以来人类审美的轮廓和价值，充满历史符号的大量信息。

◆ 世界上最有名的脸 / 达·芬奇的蒙娜丽莎

若说文艺复兴三杰达·芬奇的作品《蒙娜丽莎》（画于 1502 年左右，一位佛罗伦萨女士的肖像，现存于法国巴黎卢浮宫）是世界上最有名的一张脸，怎么也不为过。每年有数以千万人赶赴罗浮宫，透过坚实的防弹玻璃朝圣，加上环绕在我们四周的各种印刷品，无不告诉我们，这是一张世界上最有名、最有价值的脸，她透过艺术家的神来之笔，成为永垂不朽的一张脸。这幅画如此声名浩大，是因为其超脱了单纯绘画的记录，而成为一个活生生有血肉的人。当我们站在原画前时，注视着她的双眼，会感觉到她仿佛带着心思，如同

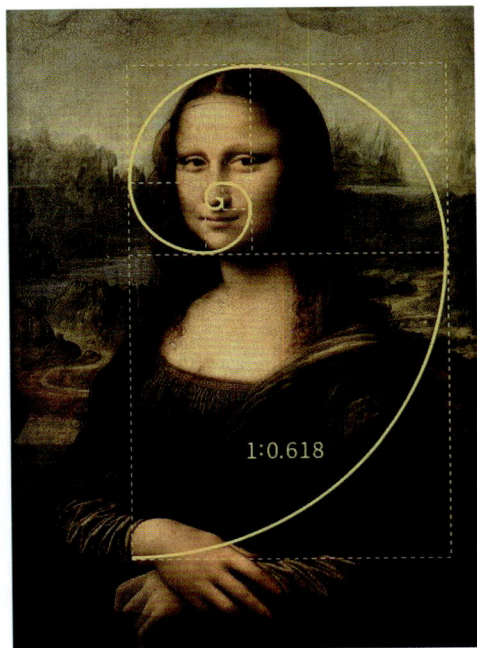

⊙意大利艺术家达·芬奇作品《蒙娜丽莎》的构图完美体现了黄金分割比例

1:0.618

一个活人在你眼前变化，似乎是嘲笑，似乎是戏谑，又似乎是微笑中带着一缕忧伤，她是一个怀孕中的少妇吗？她是幸福的吗？还是富裕的生活里有一些欲语还休的不快乐？

脸孔表情的呈现来自眼角和嘴角，达·芬奇透过朦胧技法的处理，在他笔下，人物的骨胳、肌肉都很结实，但轮廓线却常常消失在若有若无之间。眼角和嘴角这两个部分消融在柔和的阴影里，高挺的鼻梁和小巧精致的嘴角呼应，体现了蒙娜丽莎温柔之中的坚毅。圆润饱满的额头，说明了她必然是个聪慧之人，她的面容除了表现了美的形态之外，更重要的是带来了容貌深处灵魂关于暖昧这个生命力的外显。所以几个世纪以来，关于蒙娜丽莎的微笑总是给许多电影和小说带来题材。

◀ 一张最美的少女回眸 / 维米尔的《戴珍珠耳环的少女》

17 世纪荷兰画家约翰内斯·维米尔于 1665 年创作完成的一幅油画《戴珍珠耳环的少女》。现收藏于荷兰海牙莫瑞泰斯皇家美术馆。据说画家维米尔以家中的一名女佣为模特（也有说以他 14 岁的长女为模特），创作出世界名画《戴珍珠耳环的少女》。

该画采用全黑的背景，将少女衬托得似乎是黑夜里的不夺目耀眼却十分温暖的明灯。画面另一个令人瞩目之处，在于少女左耳佩戴的一只泪滴形珍珠耳环，在少女颈部的阴影里若隐若现。既是点睛之笔，也有特殊寓意。珍珠在维米尔画中常象征贞洁，因此有专家认为该画很可能画于少女成婚前夕。

这幅画作被誉为"北方的蒙娜丽莎"，这个可以和蒙娜丽莎相媲美的神秘女性，足见其在油画史的地位。看到这幅画，会让人设想：这是怎样的一位少女？她处于当时什么身份地位的家庭？而从脸部特色的表现，虽然用的是轮廓模糊的笔触，但能看出少女肤如凝脂，脸形饱满圆润，朱唇微张似乎想要和捕捉她神情的画家说点什么，她神态松弛带有些许迷茫，描写的正是少女面对即将到来的未知境遇。这个回眸，打动了多少观者的心，让我们看见古往今来作为少女的心思都是如此细腻而丰富，美也是有如此多元的可能。

⊙荷兰画家约翰内斯·维米尔作品《戴珍珠耳环的少女》

◎同一件事，经过不同的人会形成不同的答案，不要以别人的经验来限制自己的认知。

◎经历只能让你认识自己，更重要的是经历无法定义你。事实上，是你定义了它，而它诠释了你……

第三章

Chapter 3

◆

为什么是脸?

Why the Face?

我们不禁要问，在人类形态美里，为什么是脸吸引了我们第一眼的注意？想象这样几个场景：拥挤的餐厅里，焦急地找着邀约的朋友。在机场接亲友，熙来攘往的人流里，也要找到那几张熟悉的脸。幼儿园放学了，一堆孩子鱼贯而出，你也能从这些体型差不多的孩子里，一眼看到自己的孩子。这些看来稀松平常的场景，其实都蕴含了人类在判读脸孔时，当下做出的判断有非常大量的信息。脸孔能传递的信息的丰富程度远远超出我们的想象，性别、大体年龄、肤色、是否舒适等第一印象都在此范畴里。第一印象包含了人的吸引力程度、可否信赖、可否支配或是被支配、是否健康等。这些大量的信息会在第一眼就在大脑里处理成即时的信息，决定了你如何与拥有这张脸的人交往或是应酬，甚至是"应付"。

在这个章节里，我们将延展开来聊一聊那些和"脸"相关的故事、知识。各个领域对脸的探知，历史的、心理的、相貌学的，甚至不同种族不同时代对于脸的探知。如此有趣，你准备好和我们一起深究了吗？

1. 人类看脸的历史

我们这么臆想一下，当远古时期第一个智人，从水面的映象看出自己的脸，他是一种什么样的思路和理解？他伸手摸向那个水面的影像，一定是充满了困惑、好奇，甚至是惊喜，这张脸是谁？这是我？我来自哪里，甚至产生我将往哪里去这样的哲学思维及叩问。千万年前应该就从看见自己的这张脸开始，我的形象及认知，就从看见自己的脸开始，而我们看脸的历史就是人类科技"看的方法"的演变史，从工具到看的方式、观点，都随着时间的进程产生了质的变化。这一节就聊聊"人类看脸的历史"。

◈ 面对面时代

从人类意识萌芽之后，主体意识开始区分你我。我们对人脸上长着一对眉毛，一对眼睛，一对耳朵，一个鼻子和嘴巴的形象，是从观看别人的脸开始的，而我们也是从这个面对面的过程中，看到了人类面部进化的过程。我们预想人类识别脸孔的能力和灵长类动物相似，灵长类动物识别同类能够透过"脸孔识别能力"，它们在分辨"它是谁"的问题上，和人类也非常接近。社会化越高的动物族群，越需要脸孔识别能力，尤其在大型的集体之中，当你拥有优秀的身份辨识能力，便能更好地分辨群体里人与人的关系。时间久了，这样的优势会反映在生物繁殖上，因为具有更好辨识脸孔能力的人，也是更加具有领导能力的个体，在生殖繁衍上也将拥有更多的选择权。

识别脸孔的另一个难度是辨识自己。而这不是一件容易的事，因为人类的婴孩要发育到一定阶段才能判断出镜子中的自己。有一个好玩的鼻点测验说明了这个现象：在婴孩的鼻子上偷偷点一个小红点，如果婴孩不能理解镜子中是自己的脸孔，他就会去摸镜子；反之，如果他能理解镜子里的影像是自己，那么他就会摸自己。而从人类长久的发展史上，对于脸孔辨识能力的进化关乎大脑的发育。而大脑是怎么从看到一张脸后开始加工所有的信息传送到脑部，面对面的阅读"一张脸"的时候我们究竟在处理什么大量的信息，我们

⊙美国电影演员秀兰·邓波儿童年

在后面还会有延展的介绍。

◆ 画像时代

从看到记录，人类用了很长的时间来思考和展示。在文字发明之前，绘画承载了很多信息的传达与记录，人类的绘画艺术史发展上，有一个特别的主题，和我们讨论的看脸的历史有很深的关系，这个主题就是肖像画。

肖像画（Portrait Painting）是绘画的一个门类，其意图是描绘一个人类主体。肖像画家可以通过委托为公共和私人创作他们的作品，肖像往往是重要的事件和家庭记录，以及纪念品。从历史上看，肖像画主要纪念富有和权势，因此许多的肖像画都经过了过度的美化，从而符合身份及时代的审美。

⊙人物肖像画

肖像画的根源很可能出现在史前时期，但是基本没有留存。古文明艺术中，特别是在埃及，描绘统治者和神明的形象比比皆是。然而，这个时代的肖像画不讲求真实呈现，而是以高度风格化和符号化的形式完成的。古希腊罗马把许多统治者的个性化半身像铸造在铜钱上，或是雕塑成头像，显示希腊罗马肖像在反映真实上是认真的，并且相对减少了对被绘制对象的美化及奉承。

文艺复兴时期是肖像画史上的一个转折点。可以说，绘画达到了和谐和洞察力的新水平，在文艺复兴时期，不同形式的肖像画中出现了许多创新。西方世界最著名的肖像之一是达·芬奇的《蒙娜丽莎》，蒙娜丽莎是富裕的佛罗伦萨丝绸商人弗朗西斯科·德拉·乔孔多的妻子。这幅肖像画表现了文艺复兴时期的审美标准，对于女性美的追求，是表现其典雅、恬静的神态，思想深邃和性格高尚，这个形象反映出那个时代的精神美。

《蒙娜丽莎》的笑，被历代学者称为千古之谜。她抿嘴淡淡地一笑，这笑意是通过嘴唇和眼睛表达的，巧妙在半含的暧昧情绪。达·芬奇花了四年的时间完成，捕捉到的正是这永恒的微笑。欣赏者望着她，她也望着欣赏者，四百年来的人类交流她的情感，给人以美的享受。

19 世纪，印象派在户外或光线充足的室内绘制了亲密的团体和单个人物。注意到人物在阳光下闪闪发光的表面和丰富的色彩，印象派肖像往往是非常亲密和吸引人的。到了 20 世纪早期，野兽派艺术家亨利·马蒂斯摒弃自然真实记录，而以花哨的线条颜色，制作了具有强烈主观意识的肖像画。

许多当代美国艺术家，如安迪·沃霍尔，都把人脸作为他们创作的焦点。安迪·沃霍尔关于玛丽莲·梦露的脸部形象创作便是一个标志性的例子。

纵横整个人类艺术绘画史，记录自己的脸，他人的脸，或是群像的脸，是人类开始从单纯面对面地看，到记录下来以流传百世。让一辈辈的后代看到不同时代关于人类美的标准，也是社会风俗的记录，更是时代的印记，艺术家对于看见的人脸主观意识的解读。

⊙当代美国艺术家安迪·沃霍尔作品
——《玛丽莲·梦露》画像

⊙当代美国艺术家安迪·沃霍尔作品《玛丽莲·梦露》画像细节展示

◈ 摄影时代

⊙法国发明家、艺术家和化学家 路易·雅克·曼德·达盖尔

摄影，如同大家所知道的，一点都不真实。摄影是我们根据自我世界所创造的真实之假象。——阿诺德·纽曼

路易·雅克·曼德·达盖尔，一名法国发明家、艺术家和化学家。他约在35岁时设计出西洋镜，用特殊的光效应展示全景画。在从事这项工作的同时，他对一种不用画笔和颜料却能自动再现世界一景一物的装置产生了兴趣。

1837年，他成功地发明了一种实用的摄影术，叫作达盖尔摄影术（银版摄影术）。

1839 年，法国政府买下该发明的专利权，并于同年 8 月 19 日正式公布，因此这一天被定为摄影术的诞生日。当时，用这一方法拍摄一张照片需要 20 ~ 30 分钟的曝光。

到了 20 世纪，随着照相机的发明和普及，相比曾经被广泛推崇的肖像画，人像摄影已经成为一种最经济和最容易记录人像的方法。随着摄影科技的不断进步和人们艺术观念的发展，人像摄影在今天已经有了很大的变化。如今，电子闪光装置、高速自动聚焦镜头、新型感光材料的诞生，使一个摄影师在一天内就能为许多被摄者完成一些逼真而自然的人像杰作，大大丰富了摄影师的创作可能性。

⊙《银版摄影术》

⊙世界上最早的银版摄影术照片拍摄于 1837 年

人像摄影的真正意义及价值，在于摄影师透过镜头观看被摄影者的脸部流露出的语言信息，这和肖像画的本质有异曲同工之妙。 不同之处在于摄影是决定性瞬间地捕抓被摄者的相貌和神态，而绘画则是深思熟虑的构图和色彩堆叠。

摄影技术和器材的发明，让人脸的辨识及记录产生决定瞬间的永恒，并且是以反映及记录真实为主。 不过我们在上文提到阿诺德·纽曼所说："摄影，如同大家所知道的，一点都不真实。摄影是我们根据自我世界所创造的真实之假象。"说的便是摄影本因为在技术及后期加工的成分上，也存在了摄影师一定主观的取舍及加工，尤其到了数字化时代，后期修片的软件开发到位，人脸影像的真实性又似乎违背了摄影发明之初对于记录真实的追求。

但是摄影的发明，让人脸的传播更为快速及便利，以往的肖像画制作时间长，被创作对象有限，到了摄影时代，人脸的记录成了一种在艺术及社会实用上非常便利的形式。源于生活，例如罪犯的人脸辨识记录，例如证件照的身份识别。而艺术创作的普及和商业用途的各种可能，催生了对"好看"的脸的需求，平面模特、人体模特，在这些吸引别人观看乃至于对产品发生兴趣的脸背后，就是一个看脸历史的形式转化，脸孔的记录大量而快速，充满了跨时代的意义。

◆ 电影时代

对于人类历史，一百年不过是短暂的一瞬，然而就其相对应的现代社会，可说是一个相当长的时间了。电影从诞生到现在，已经走过了一百年的历程。现代社会的发展是飞跃式的，电影的变化更为奇速。电影的产生使人们枯燥的生活变得丰富多彩，它使得人们懂得思考和反省自己，并且透过电影看到了丰富多元的世界。纵观这些年的电影发展历程，更加体现了艺术源于生活，高于生活。在电影中体现了人与人、人与社会、人与自然的关系，它是生活的另一种表现方式，从产生以来逐渐成为最普及、最重要的艺术样式。列宁说："对于我们来说，在一切艺术样式中，最重要的就是电影。"电影对人的行为、生活方式产生重要影响。

电影技术的发明是一场混战，很难说清楚到底是谁发明了它。法国人更倾向于认为光荣归于卢米埃尔。美国人则认为，卢米埃尔的成就，是建立在马莱和爱迪生的发明基础之上的。

对人类文化信息传输方式的巨大变革，使人类进入影视文化（信息文化）的发展阶段。西方学者认为人类文化经历了三个阶段：以语音为载体的口头语言文化，以文字为载体的书面语文文化，以音像为载体的影视文化。

电影不论是哪个片种，细察起来它们都包含着一个国家、一个民族、一个社区的礼仪习俗，交际方式，宗教信仰和人文精神，包含着特定时代的文化风貌。纵观电影的百年史，电影是一种大众娱乐形式和传统的艺术形式不同，不服务于权贵，也不只记录光荣；它是供多数人尤其是供青年人观看的。在电影这一娱乐品中，又包藏着娱乐之外的许多意涵，从而产生各种各样的效应。

⊙英国女演员 伊丽莎白·泰勒　⊙美国女演员 劳伦·白考尔

⊙澳大利亚男演员埃罗尔·弗林　⊙英国男演员 罗纳德·考尔曼

而电影的产生，对于看脸的方式，产生了更全面更立体的视觉观感，摄影是静态的观看，而电影的动态影像以及镜头的推进推出，让人脸部的细微变化，都以放大数倍的形式展示在我们眼前，而且是 360 度的立体观看，和静态的摄影人脸相比，人脸的形象更为立体和细腻。随着电影工业的产生，故事剧情的延展，男女主角的脸通过电影的快速传播，成为普罗大众讨论及消费的对象，并且在商业资本的推波助澜下，打造了一个又一个的电影明星。这些明星的脸呼应着故事中角色的人设特质，不管是水性杨花，帅气多金，还是穷苦坚毅，纯真甜美，都在荧幕上活

⊙美国女演员、模特
玛丽莲·梦露

⊙英国女演员
奥黛丽·赫本

⊙瑞典女演员
葛丽泰·嘉宝

灵活现地存在着。许多好看的脸被记住了，许多好看的脸被一再传播和记忆，电影时代创造出了许多的电影明星。

代表世界电影生产工业顶峰的美国好莱坞，其好莱坞"黄金时代"是最为璀璨，也最具诱惑与神秘的一个阶段，起步于 20 世纪 20 年代，止步于五六十年代。这一时期的美人如世界级性感偶像玛丽莲·梦露、优雅的代名词奥黛丽·赫本、被称作是"人类美学进化的巅峰"的葛丽泰·嘉宝等。

好莱坞时代开始了，而且直到现在仍在延续。

◈ 电视时代

第一台电视机面世于 1924 年，由英国的约翰·洛吉·贝尔德电子工程发明，到 1928 年，美国的 RCA 电视台率先播出第一套电视片 *FelixTheCat*。从此，电视机开始改变人类的生活、信息传播和思维方式，人类开始步入了电视时代。

现代社会的日常生活完全被报纸、卡通、广告设计、服饰样式、信息图表等介质所表现的符号图像与信息意义所包围，图像、信息以及符号化得以实现的一个重要来源就是现代社会高度发达的大众传播媒介。电影、电视、录像机已经成为生活中不可或缺的一部分了，借助这些媒介手段，人们源源不断地获取着大量信息和享受着大量的娱乐。影视剧中的人物成为人们在家中、在街上及其他公众场合的固定话题；政治人物形象展现、企业产品品牌推介、娱乐教育休闲消费都借助电视加以传播。

如果说电影时代我们看到的人脸数量已经很多，到了电视时代绝对是成倍数翻涨。因为随着电视机深入家庭的普及，大众流行文化的推波助澜，各种电视节目的制作，创造了更多的影视明星，也让所谓明星的类型，因为不同的电视节目产生了各种跨度，有不同气质和表现的脸谱。而电视节目里的角色设定多数具有 "脸谱化" 的特性，意即作者塑造人物过于简单化和概念化，透过妆容、造型、情绪

⊙英国发明家 约翰·洛吉·贝尔德 ⊙贝尔德和他发明的半机械式电视系统

表现和惯性行为模式，是好是坏，一眼就能看出来。

另外穿插在各类电视节目之间的电视广告，为了适应商业价值的导流，一大波又一大波好看的，能够吸引消费者停下脚步留下目光观看的脸被找出来，加以包装润色，大量复制和传播。

◈ 何谓电视脸 / 电影脸

这里我们想带入聊聊所谓电视脸和电影脸的区别。

长着一张精致面孔，不管是街拍、广告、综艺，都能驾驭。但这种美，缺少鲜明的个人特质，而且可以作为模板大规模复制。另外，每次出现在大银幕上，总是少了一点灵动之气。而章子怡的脸，首先是美在骨相，结构非常上镜，《一代宗师》《罗曼蒂克消亡史》随便截一张章子怡的图，都让人觉得移不开眼。

这就是"电视脸"和"电影脸"的区别。

都是美女，都是演员，把她们的脸放在大小银幕上，为什么会有这么大的分别？张译在知乎上是这么回答的："电视机、电脑和移动客户端的屏幕尺寸很小，所以略有瑕疵或者夸张，观众不会太计较。""但是电影，是为电影银幕服务的，演员

⊙电影《一代宗师》剧照　　⊙电影《罗曼蒂克消亡史》剧照

表演的每一个细节都被无限地放大，再加上观影的环境是封闭的、黑暗的，观众的投入度更强，于是，电影里的表演就要格外地谨慎，严格按照观众可以接受的尺寸执行。在电影中，"演员表演的每一个细节都被无限放大"，这句话一点不假。镜头拍人，是有景别之分的，景别越小，演员的脸就越大。所以，脸越小，越讨巧。不光要小，还要有戏。

在电影院看电影，特写镜头下，演员的一张脸，能有两层楼那么高，一点点瑕疵都会被无限放大。所以"哭就哇哇哇，笑就哈哈哈"，这种表演方式在大银幕上行不通，也不是所有演员都能演得了电影。

一部电影的时长，大部分只有两个小时，在两个小时里完整表现一个人物的一生，甚至一个脸部特写，就要看出经历的变化，对于很多女演员来说，还有路要走。这也是电视和电影的区别，也是"电影脸"对演员的深层次考验。

能同时经得住大小银幕的考验，也就是演员中的限量版了。比如周迅，每张脸都是周迅，但这张脸却演出了不同的人。

《李米的猜想》里，她是对爱率真执着的女司机，前一秒还在太阳下笑得天真无邪，后一秒就无声泪流。《如果爱》里，她是为了成名而背弃爱情的女明星，天真少女最后成了世故女明星，演出了苍凉感。《风声》里，她被李宁玉亲昵地喊"鬼丫头"，最后却向死而生，用身体把情报运了出去，从这张无邪面孔上，谁能对应出"老鬼"这么男性化的代号？

⊙电影《李米的猜想》剧照

⊙电影《如果爱》剧照

⊙电视剧《大明宫词》剧照

高级的表演，是脸上表情和内心灵魂的交融。

《大明宫词》里的周迅，是颜值的高峰。调皮伶俐的太平公主，不时嘟着嘴，翻白眼，皱着眉头，使小性子，每一种表情都叫人欢喜。

薛绍摘下面具的那一刹那，公主的样子，是少女一见钟情春心萌动。

我们不喜欢"流量小花"，就是因为，她们可以拿来被讨论的，只有脸这张皮相或是花边新闻。这张脸，美得没有诚意，像一朵塑料花，美则美矣，但没有经过风霜雨露、经过绽放形成的生命力，总是觉得只能停留在肤浅的"好看"。

现在大家说到她们，已经不是在讨论脸，而是对她们表演的认可，对她们人生的感同身受，这已经不是在以脸论美人，而是对女性的尊重。而经得起镜头放大考验的脸，具备以下几点特质：

标配一：皮相要好

皮相，指的就是我们俗称的脸，皮肤、肤色和各种纹路。电影的银幕更像是放大镜，这也更为考验一个人的长相了，面部皮肤鲜有瑕疵，泪沟颧骨不突出，没有粗大毛孔暗沉肤色，肤质细腻有光泽，肤色不管是白里透红还是健康小麦色，呈现的都是一种健康的气息，而不是蜡黄疲惫的脸色。

标配二：凹凸有致的脸

皮相良好之余还不够，脸部轮廓要清晰，苹果肌是否有恰到好处的弧度，简单来说就是该有肉的地方有肉，该紧致的地方紧致，且非常匀称，跟身材管理是一个道理。

标配三：骨相好

前两个标配靠整容和后天都能达到，但骨相这个槛，需要先天和后天气质养成。

第一，颧骨要平，"电影脸"代表天后级人物章子怡就是典型的平颧骨，这颠覆了大众所认为的立体脸才能为电影脸的认知。颧骨只要平了，上镜就不会太突兀了。第二，双颊平坦，就是骨头没突出，也没有泪沟和黑眼圈，电影打光不像电视剧打光，光线较暗也容易暴露演员的面部缺点，因此从根本上杜绝泪沟、黑眼圈的阴影，才能打造出高级电影脸美人。第三，面部流畅度，脸部线条顺畅，不会有某个五官很突出，五官配比和谐且看起来很舒服是关键。

在电影电视作为视听娱乐化进程的过程中，我们对脸的观看从平面静止的绘画到了动态的 2D 平面，人类观看脸的维度又有了新的高度和角度。

◆ 互联网时代

互联网是连接网络的国际网络，是世界上最大的计算机网络。

互联网就如国与国之间称为"国际"一般，网络与网络之间所串联成的庞大网络，则可译为"网际网络"，又音译"因特网"，是指在 ARPA 网（美国国防部高级研究计划署开发的世界上第一个运营的封包交换网络，是全球互联网的鼻祖）基础上发展出的世界上最大的全球性互联网络。即是"连接网络的网络"，可以是任何分离的实体网络之集合，这些网络以一组通用的协议相连，形成逻辑

⊙互联网的前身　阿帕网

⊙前期互联网的应用

上的单一网络。这种将计算机网络互相连接在一起的方法称为"网络互联"。

互联网时代我们怎么看脸?

由于互联网时代的到来,信息的流通有以下几个特点:

1.开放性。互联网是以分组交换方式连接而成的信息网络,因此它不存在范围上的封闭界限,打破了时间的和地域的限制。

2.实时性。人们通过互联网进行信息交流活动能够以极高的速度进行,时间不再是信息交流的障碍。

3.交互性。互联网的多媒体、超文本技术使人们的信息交流方式由传统的线性交流,转变为联想式的多向交流,用户同时成为网络信息资源的消费者和生产者。

4.无中介性。互联网没有中间管理层次,它呈现出的是一种非中心的、离散式的管理结构。

5.交流成本低廉。互联网的使用费用远低于传统电信工具。

6.海量信息。互联网以信息爆炸形式形成了信息数据的洪流。

结合以上的特性,我们可以这么说,在互联网时代,是人类历史进程以来,看的脸最多,刷的脸最快的时代。海量信息的输送,从电脑、手机每天输送来自世界各地的脸,不管是名人明星还是政治领袖,甚至是偏远民族的人群,甚至是远在千里之外,无情战火下一张张充满惊恐痛苦的脸庞,都能通过互联网强大的信息传送,让我们看到各种脸所创造出的人生百态,而在每天一晃而过的这么多张脸中,又有几张脸会让我们记得并且热爱?

你今天刷脸了吗?

在 AI 人脸识别系统展示区,人们可自行来到手机屏幕前进行人脸识别,手机系统自动识别脸部信息,然后将识别到的信息投放到后面的屏幕上,可供观众感受到 AI 人脸识别的实用与趣味性。

关于其识别的原理,人脸识别需要通过两点认证身份,一是人脸比对,即判断待验证的人脸是不是本人,二是活体检测,即判断待验证的人脸是不是真实有效的。事实上，人脸识别这一概念近年来一直是全球技术前沿趋势讨论的热点，在国内也得到越来越多的运用，例如刷脸打卡、刷脸APP等，都是这一技术的体现。

⊙ AI 人脸识别系统的应用

便利店智能识别收银机可扫描商品，通过刷脸完成支付；入住酒店忘带身份证，只需实名登记并刷脸认证即可办理入住手续；食堂正式启用人脸识别系统，"靠脸吃饭"也能实现……随着人脸识别时代的到来，我们生活的方方面面都可以通过刷脸实现。

人脸能替代身份证、账号密码等认证信息，源于人脸与人体的其他生物识别特征一样，具有高度的唯一性，为身份鉴定提供了前提。以机场安检为例，旅客可以通过在机场值机区域的专用自助值机扫描身份证或者护照，建立个人的生物识别特征信息。这种信息在其他支持生物识别的登机口也可通用，通过精准的人脸识别技术，将乘客面部数据与后台数据进行比对，实现安全便捷、智能高效的安检。此外，人脸识别还可用于对特定人群进行监测，借助智能摄像头捕获人脸信息，人们有望在茫茫人海中找到失散的亲人。

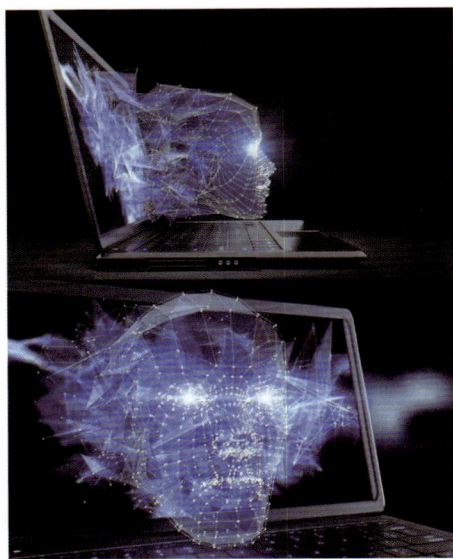
⊙互联网的脸部特征识别

在美国，图片社交应用 Instagram 是年轻人的最爱，它已经拥有超过 3 亿的月活跃用户。当然，Instagram 里并没有一种叫"美颜"的工具。

假如一个中国姑娘和一个美国姑娘的同款手机混在一起，除了看系统语言之外，还有哪些方法可以快速分辨出来呢？

其中一个答案可能是：打开手机，看看里面有没有美颜功能的拍照修图软件。

回归到国内本土用户对于图片应用的使用和认知，难道增加"颜值"的需求真的高于一切？用户对基于社交的图片产品又有哪些潜在态度？国内图片应用果真是一个看"脸"的市场。这里有着完全异于国外的特征，用户热爱自拍且青睐熟人社区，女性用户对于美颜功能的需求极度强烈。各家产品在如何做好一个美颜工具方面积累了足够丰富的经验和足够规模的用户。那么，接下来呢？

一张为了满足观看"审美"，而精心通过软件修饰瑕疵的脸，真正走进现实生活中，别人怎么看你这线上线下的真实反差？

刷脸的时代，刷的既是真实，刷的也是虚假。

2. 一张脸承载了哪些信息

◆ 感觉器官的聚集之处

从生物进化理论来说，脸的存在，一开始并不是为了被同类识别，而是为了让感觉五官可以最有效地接受信息。每个生物的演化都从单细胞生物到多细胞生物，开始演化出脸，脸孔的产生一开始还不是心理学研究的范畴，我们的脸上紧密排列着几乎所有感觉的器官，眼睛用于视觉，鼻子用于嗅觉，耳朵用于听觉，嘴则用于味觉，人的周围神经系统利用 12 对脑神经传达感觉信息到大脑，而头面部就占了 10 对，那么脸孔只是信息接收的一个接收器据点吗？

这之中，低高等生物的脸部需求不尽相同，许多低等生物依赖听觉和嗅觉就可以生存，那么他们这两种器官的排列肯定会明显占优势。例如狗的灵敏嗅觉，靠的就是鼻子这个五官，于是鼻子在它们的脸孔上就非常突出。还有例如极端案例蝙蝠，由于视觉对蝙蝠来说并不重要，所以蝙蝠的脸孔可能本身就无须成为传递信息的媒介，只需要作为接收信息的接收器，所以这么说来，并不是所有动物都会"看脸"。

但是对于人类来说，脸孔不只是一堆感受器官的聚集之处，还是我们传递社会资讯的重要管道。当我们通过视觉看一张脸的时候，我们脑中会在最短时间内处理大量信息，脸孔信息成为我们人际交往的核心，那么我们如何用脸孔交流？脸有什么特别之处？得先从五官说起。

◆ 鼻子和耳朵的特别

虽然鼻子耳朵因为功能的限制，并不参与识别脸孔的工作，但是它们能传递信息。相较于其他灵长类动物，人类的耳朵大小形状位置都相对稳定，除非形状异常，一般情况下，耳朵的样子不太影响他人对于脸孔的识别，除了因为常常被头发遮挡以外，耳朵由于固定不动的特质，不参与传递视觉信息，而且大多数人的耳朵僵硬，没办法经过有意识的控制，随着我们的情绪起伏摆动。而鼻子也是，虽然从视觉上来看，我们对于鼻子的形状有各种描述和喜好，但是鼻子因为它的位置更固定，更难以产生动作，也没有相较于猫狗更加简练的鼻子功能，所以不能对交流产生过大贡献，只能作为分辨相貌用，对传递社会信息没有起到关键性作用。

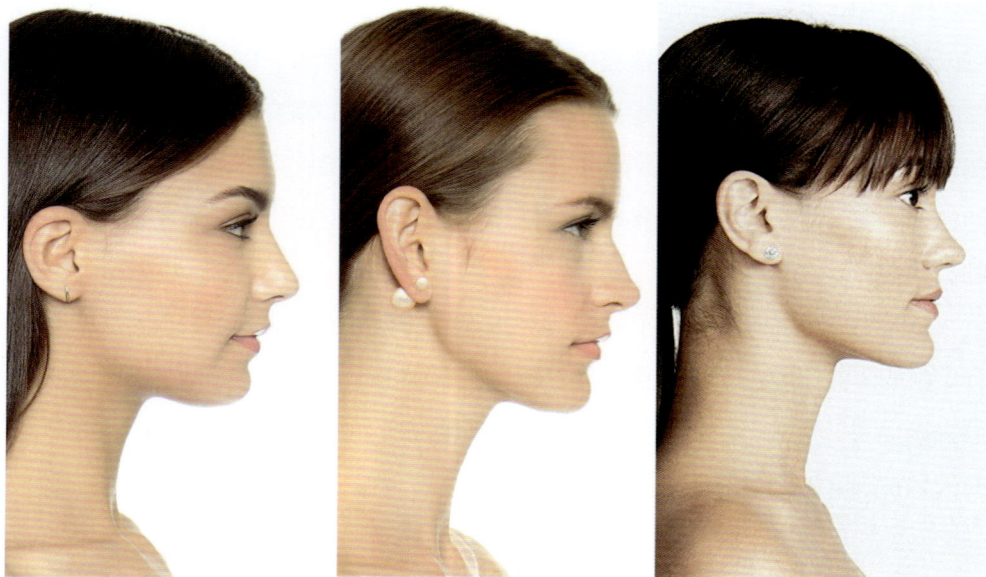

⊙耳部和鼻部示意

⊙嘴部示意

◆ 灵活的嘴

　　作为生物体维持生命进食的器官，嘴是身体最前端的器官，最早出现在脸孔上的器官应该就是嘴。最早生物的嘴类似腔肠动物的嘴，以一条简单肌肉控制嘴部的开合，随着生物体的演进，口腔功能发生第一个灵活变异的生物体是幸福的，不仅可以自如地选择食物，控制食物的进出，相对于只有一条肌肉控制开合的腔体动物，具有口腔功能的动物，不仅有更多的肌肉和可以活动的下腭来帮助它们咀嚼和撕咬，也因此发展出更为复杂的进食习惯，让食物和营养变得更加丰富多元。

而纵观人类的演化，现代人和古猿人的区别，在于拥有更强健的下腭，坚实的肌肉，甚至更多的牙齿，更强健的犬牙，而整体的嘴部比例占脸孔的比例就更大。但随着朝向智人的进化之路，口腔渐渐让出了位置，给了大脑更多的空间发展，

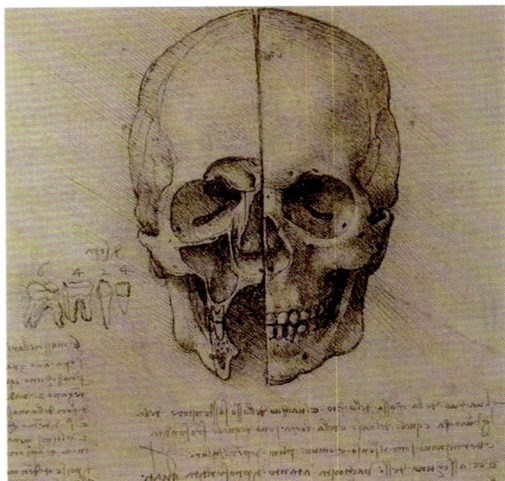

之所以如此，是因为人类开始食用熟食以及发明工具。试想，当你有了开核桃的工具你还会想用牙开核桃吗？生肉与熟肉相比，熟肉更容易咀嚼，这两者一起很大程度地丰富了我们的食物来源，也给了猿人更多时间做其他的事。当我们对口腔"硬体"的依赖减少，僵硬的肌肉群被灵活的肌肉群取代，在大脑体积固定的情况下，口腔活动的空间被精简，大脑就有了增大的空间，而这种可能最后造就了现代智人。在生活中，嘴是面部最性感的器官。

◆ 眉目能传情

从眉毛说起，回到我们前面提过蒙娜丽莎的微笑，作为传世最有名的一幅作品，卢浮宫的镇馆珍宝之一，她的微笑被世人视为难以抓摸，充满了神秘性。有研究人员指出，一个原因就是因为她没有眉毛。我们试着看看图中这位女性的照片，这是同一张脸也是同一个表情，但是当眉毛被遮去之后，我们就不太确定她的真实情绪了。当然，眉毛的形状粗细或多或少显示了一个人的性格样貌，但是就面部情绪和表情来看，实际上是眉毛部分的肌肉动作传达出了信息，眉毛的姿势反

⊙ 眉部示意

映了肌肉的动作，我们的大脑设置了表情编码系统，眉毛的位置的确能传达出喜怒哀乐的情绪。

很多人为了抗衰老会注射肉毒杆菌，注射的地方也以眼周为主，但是不正当没严格把控的注射，常被人忽视的副作用便是脸上表情的僵化，因为肉毒杆菌是透过麻痹肌肉来消除皱纹，但是被麻痹后的肌肉就没办法灵活地表达情绪，难免要出现面部僵化的情况。

都说眼睛是我们的灵魂之窗，眼送秋波，眼睛在情绪表达里所占的地位相当之大。试想一些场景：当我们在酒吧看到心仪对象时，如果对方转头看着你微笑，那眼睛传达出的情意一定会让你瞬间身体仿佛触电；再设想，公司开会的场合，老板正在大发雷霆，尚未指出犯错者是谁时，一个愤怒的眼神飘向你，你也不免有心虚之感，眼睛作为视觉的接收器，通过凝视的方向，人类可以轻松地判别共同注意的位置，不但方便了社交，也利于准确地传达情绪。

所以回到我们前面所谈的《蒙娜丽莎》作品，缺少眉毛协助判断表情的情况下，达·芬奇还通过巧妙的手法，将这位美丽女子的眼神汇聚在每一个观者身上，制造了令人捉摸不定的神秘感。

而我们脸上五官，最鲜明的莫过于眼睛，相较于各色虹膜（也就是眼睛深色部分），我们的巩膜（俗称眼白），显得异常白皙，这个对比，让我们眼睛的观察方向显而易见。虽说巩膜许多动物也有，但是如此大比例的占比只有人类才有，还有相对细长的眼眶，方便巩膜传递信息，使得眼睛本身可以传递情意，所以说，人类的眉目可以传情。而眉毛对于整个面部来说，起到画龙点睛的作用。

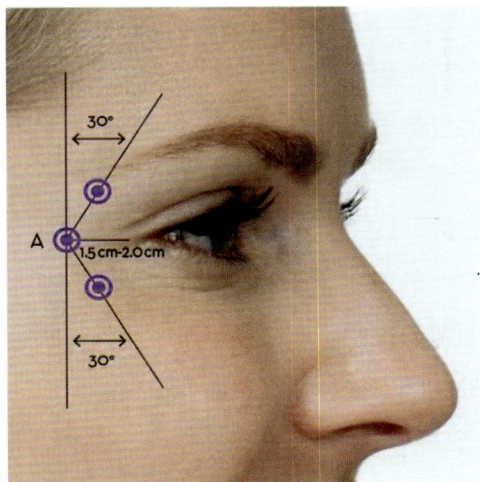

⊙眼部示意

⊙相对细长的眼眶，方便巩膜传递信息

3. 你的脸会说话

　　根据人类行为学的研究，人类显现在脸上的表情，足以影响脑细胞的活动，因此我们的心情自然会反映在我们脸上。我们的脸就是心境变化的放映机，所以说，

"相由心生"是有其科学根据的。

"相貌学"简单来说，其实就是一门"大数据""统计学"，是中国人累积数千年，看过数千万张脸后，运用之前的经验（统计）来做分析、归纳、判断。以这种统计学的基础方法，为人指引一条道路，使得了解的人得以借由前人智慧找出问题症结，能够顺利渡过难关。

然而即使相貌学已经经过数千年的洗礼验证，还是未能百分之百地准确预测未来会发生的事情或结果，因为人的旦夕祸福，并非只是受一个个体影响，外在环境的变化也会波及自身决定。如果自身原来就具备良好条件，但是没有外界的支援，可能也只能事倍功半，达不到预期效果。了解相貌学，除了更了解自己，亦有警示的作用。意义在于发现自己的弱点，透过优化的手段去克服和避免，掌

⊙ 我们的脸是心境变化的放映，你的脸会说话，说出了你的性格、生活处境，以及你当下的能量场

握人生高光时刻。

所以说，你的脸会说话，说出了你的性格，生活处境，以及你当下的能量场。我们常看到某明星或是知名人士处于花边新闻或是负面消息的风暴时，脸上的一些特征也会反映当下的处境。

例如女性脸上的桃花眼，眼形细长，带点勾曲，眼窝微凹陷，眼睛黑白分明有神采，有这种眼型的人，一生桃花不断，即便到了四五十岁都有很多追求者，但都是属于好桃花。

又例如在事业上自己选择工作或是选择合作伙伴、职工，相貌也能透露出部分指向性选择。嘴大唇薄的人，头脑灵活，能言善道，说话伶俐反应快，适合从事需要推销讲解或是需要开口说话的行业如教师、口译、律师、客服、业务等。而鼻子代表钱财，鼻孔不外露的人不露财，不会乱花钱；鼻翼厚者，懂得如何理财，开源节流，适合担任财务相关工作。

读懂脸部的所有信息，也可以解码所有的社交，健康，事业，爱情难题，所以说相貌解读了我们的命运，也带给我们了解自己，进而找出可以改变自己的方法，"心随相转"，我们强调命运是操控在自己手里的，那么当相貌改变后，我们的境遇是不是也会发生相对应的改变呢？我觉得，答案是肯定的。

◎在未来的生活里，我们要超越的不是没有做到的，而是没有意识到的，不为己所愿，保有利他之心。

◎人生的最高境界：忙中不说错话，乱局不看错人，复杂不走错路……
　　生命过程中认识很多人，很多朋友，只有一种朋友，各自有各自的生活，但无论在哪里，只要需要的时候，一回头，就找得到对方。

第四章

相貌美学

Appearance Aesthetics

"漂亮的人不一定有气质，丑的人一定没有气质。你可以不漂亮，但一定要有气质"。

　　相貌的美丽可以被定义和研究吗？在科学家眼里，美和繁殖生育物种延续有关，不管从动物界的行为模式还是人类的社会行为来分析，美就是为了吸引异性，以至于让基因可以传递下去。也是因为这个生殖的驱动力，让人类社会为了追求美，出现了艺术绘画雕塑等文学创作，这其中的许多素材都围绕着一张美丽的脸孔，一个美丽的人，展开了无尽的迷恋和颂扬。脸孔的吸引力和美丽这两个概念几乎可以等同，但是美丽还需要综合整体的因素，身形、谈吐、气质，可能都会在脸孔的吸引力之外加减。但我们认为，一张脸所集合呈现的信息量就是一个人的内外在呼

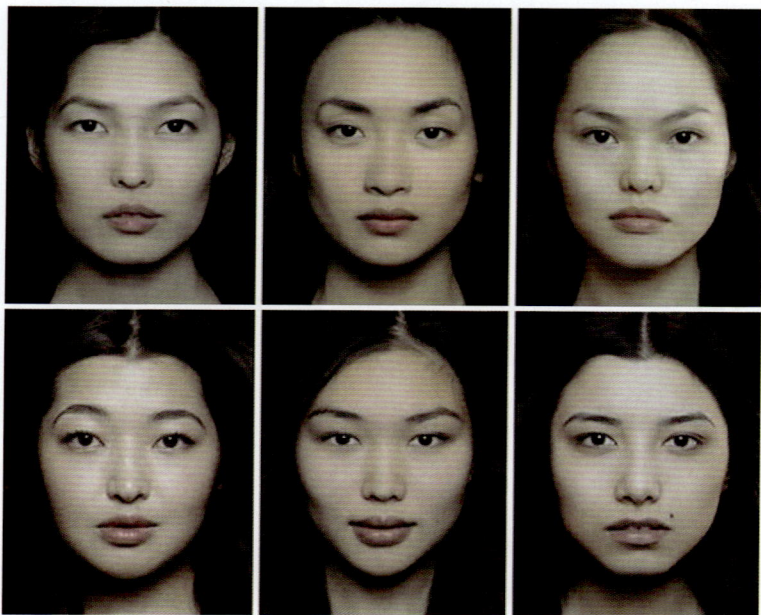

⊙全球美女标准脸

应，一张好看的脸，受欢迎的脸，美丽的脸，也就反映了整体的美好状态。美可以被研究吗？我们想告诉你，答案是肯定的。

1. 相貌研究（历史/学科/方向）

什么是相貌？当我们研究一张脸的时候，仅仅只是眼睛看过去一张脸吗？ 而相貌本身，可以被拆解为许多细节来探讨，我们分成四部分来探讨，分别是物理的相貌，视觉的相貌，结构的相貌，立体的相貌。

A. 物理的相貌 = 骨 + 肉 + 皮

骨头支撑了肌肉，肌肉上覆脂肪和皮肤，骨相本身是最难通过后天改造的，

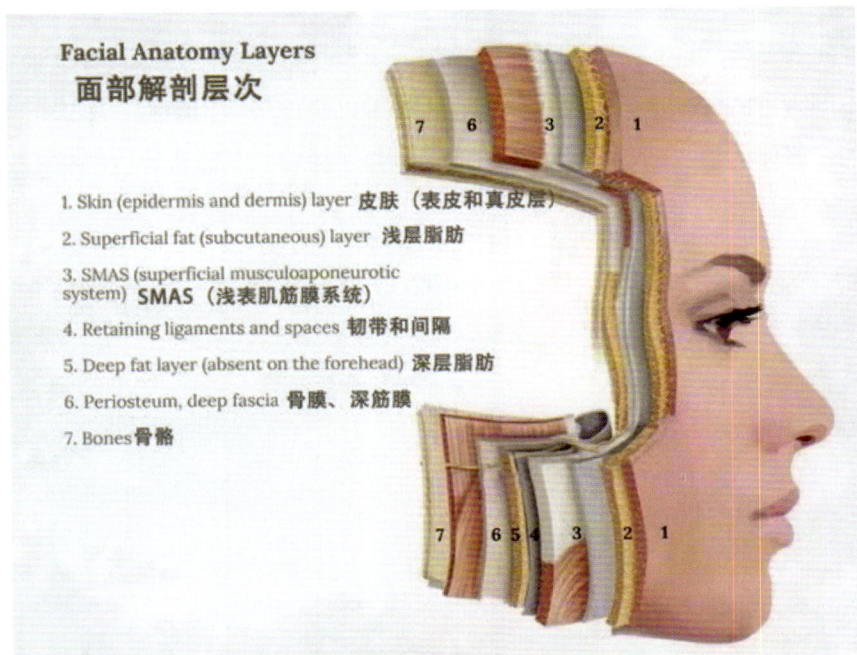

Facial Anatomy Layers
面部解剖层次

1. Skin (epidermis and dermis) layer 皮肤（表皮和真皮层）
2. Superficial fat (subcutaneous) layer 浅层脂肪
3. SMAS (superficial musculoaponeurotic system) SMAS（浅表肌筋膜系统）
4. Retaining ligaments and spaces 韧带和间隔
5. Deep fat layer (absent on the forehead) 深层脂肪
6. Periosteum, deep fascia 骨膜、深筋膜
7. Bones 骨骼

⊙面部解剖层次

相貌学以骨相为相貌之主。骨主面——个人的"主观性、贵气、欲望、能动力、智慧、胆识"等先天特点。

骨相分为三种状态：起、露、陷。以"露、陷"为贫为贱，以"起"为富贵。陷，是指面部相应的那块骨头凹陷下去。露，是指该部位的骨相尖锐暴突，皮肉覆盖不住。起，是指该部位骨相隐隐而起，有势而不显露。关于层层抗衰的关系，就是皮、肉、骨的关系，骨相决定你的抗老能力和美感度，而皮相决定你的显老程度。

◀ 美人在骨，不在皮

如今很多对"骨相审美"一知半解的人，把立体当成了骨相好，把东方脸当成了骨相一般。当然，脸部立体的确是骨相美的标准之一，但是，这个立体的标准是建立在东方脸的标准之上的，并不是要求骨相好的都要像欧美人那般立体，每个不同人种的骨相搭配有其不同的量化标准，有理想骨相的脸，首先正面一定是窄的，具体的骨头，包括额骨、眉骨、鼻骨、颧骨、下颌骨等也都有相应的标准如下：

⊙下颌部示意　　　　　　　　　⊙眼眶及眉部示意

额骨：饱满圆润且长度适中。

眉骨：高、平、直。

鼻骨：高、窄。

颧骨：位置适中，颧弓应在眼睛垂下方，与鼻翼平。

下颌骨：窄、不短。

有了好的骨相，随着年龄上去，因为颧骨突出，所以可以挂住肉，不容易出现八字纹的问题。类似于一个骨性的"苹果肌"，肌肉可能会随着年龄老化产生松弛，但是"骨相"决定了一个人脸部的轮廓、起伏、黄金比例。

拥有了一个恰如其分的"骨相"，那么你就有比较高的概率获得一个漂亮的正脸，再配上令人舒服的五官、吹弹可破的肌肤和饱满的胶原蛋白等"皮相"，一张真正的美人脸就出现了。

B. 视觉的相貌 = 形态 + 色质 + 气质

视觉上的相貌，就是我们通过视觉传达到大脑的直观信息，这个从眼睛到大脑的过程，是一个复杂而信息量庞大的输入，综合了这张脸的形态（是老还是年轻？是笑脸盈盈还是凶神恶煞？）、色质（是暗黄还是白皙？是白种人还是黑种人？）及最不可言说、由整体内外勾兑的"气质"。许多人会说："我不以貌取人。"但是事实证明，这就是"口非心是"的表现，当我们从视觉很直观地看到一张脸的时候，大量的信息流已经在大脑端口处理了，从形态到色质到气质。而除了形态和色质，气质是最不可被视觉描述或量化的，气质的形容词有很多：高冷、热情、睿智、暴戾，不是单一地归类为"他的气质很好"。气质从心理学的认知是表现在心理活动的强度、速度、灵活性。孩子刚一出生时，最先表现出来的差异就是气质差异，有的孩子爱哭好动，有的孩子平稳安静。而从脸部美学的气质认知里，是脸部五官特性，皮肤色质的综合体现。

气质只给人们的言行涂上某种色彩，但不能决定人的社会价值，也不直接具有社会道德评价含义。气质不能决定一个人的成就，任何气质的人只要经过自己的努力都能在不同实践领域中取得成就，也可能成为平庸无为的人。

气质是人的个性心理特征之一，它是指在人的认识、情感、言语、行动中，心理活动发生时力量的强弱、变化的快慢和均衡程度等稳定的动力特征。主要表现在情绪体验的快慢、强弱、表现的隐显以及动作的灵敏或迟钝方面，因而它为人的全部心理活动表现染上了一层浓厚的色彩。

气质在社会所表现的，是一个人从内到外的一种内在的人格魅力，是一个人内在魅力质量的升华。这里所指的人格魅力有很多，比如修养、品德、举止行为、待人接物、说话的感觉等等，所以，气质并不是自己所说出来的。而是自己长久的内在教养平衡以及文化修养的一种结合，是持之以恒的结果，气质是最高级的美。

C. 结构的相貌 = 发际 + 额颞 + 耳 + 眉 + 眼 + 鼻 + 嘴 + 颧颊 + 颌颏

相貌上的结构，除了我们常说的五官之外，还有几个部位也要列入讨论，成为整个相貌结构的一体。

⊙发际线示意

发际：

我们每个人的发际都是与生俱来的，那么发际是什么？顾名思义，它是头发和面部之间的界线，包括额部、两颞侧、鬓角，都是发际的范围。不同的人有不同的发际，它的高度、宽度、形状都决定了整个面部的轮廓特点。比如先天额头过高，纵使五官长得极其精致，也会觉得美中不足。

一般额头过高往往会显得脸偏长或者下颌偏短，甚至前顶部的头发显得偏稀，因为它需要有一些头发来遮盖宽大的额头，所以显得头发虚空。

如果通过发际调整，让面部的黄金比例协调，比如发际到眉间，眉间到鼻尖，鼻尖到下颌，大致为三等份，那么这个脸形的比例就相对完美了。

如果进行鬓角调整，想使脸显得更窄一些，实现女孩子们梦寐以求的瓜子脸，或椭圆脸，通过发际调整也是完全能够实现的，发际是决定面部形态最重要的因素。

额颞：

额颞部指的是太阳穴和额头的位置，额颞部位于颜面部的上部 1/3，古今中外均视天庭饱满为美、福相，在颅面结构当中，额颞部具有极其重要的地位。对于那些额颞部发育不良者（额头小、太阳穴凹陷）、额部高低不平者常显出信心不足，对发型的选择也有一定的局限性。况且太阳穴凹陷容易使得相貌显老显凶，好的相貌当中，天庭也就是上额位置占很大比重，相貌学认为天庭饱满的人较有贵人运，常受人提携而获得事业上的圆满，成为决定人与人之间关系的重要因素。

⊙额颞部示意

颧颊：

意思是颧骨与颊部，颧骨是指位于眼眶外下方，为面部之间最宽阔部分之骨骼，两边颧骨突出或者凹陷的人，性格比较孤僻，因此生活中会遇到很多困难，生活过得也不是太好。两边颧骨丰隆但是面颊很瘦的人，做事情缺乏意志力，习惯半途而废，但是如果找准了目标努力奋斗，则会做出一番不小的成就。如果是两边颧骨高低不同的人，通常带有双重性格，要么做事很急躁冲动，要么就是多愁善感。除了从相貌学上的性格判断外，还有整体相貌的直观感受，是柔美还是坚毅，是面善温和还是面凶不好亲近，都和颧骨

⊙颧颊部示意

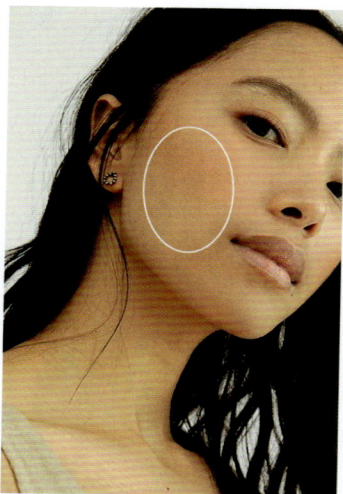
⊙颊部示意

的位置、高低、形态有关，所以，温和柔美的颧骨线条，能带来更好的人缘和事业运。

颊是口腔前庭的侧壁，组成颜面的一部分。有较大的弹性和延展性。颊外面被覆有皮肤，内颊面为不角化的口腔黏膜。颊的肌层主要由颊肌形成，颊肌外面有致密的颊咽筋膜覆盖。在筋膜外面及下颌骨、咬肌的前方和内面之间，有较厚的脂肪块，填充于此，使面颊外观显得丰满，尤以婴儿时期比较发达，随着年龄增长，这个部位的脂肪和胶原蛋白也会减少和流失，造成衰老的感觉，那么注意这个部分的调整保养，就能延缓衰老的表征。

颌颏：

两者代表的是不同意思 — 颌：下腭。颌，我们在医学中有颌骨，又分为上颌骨和下颌骨。颏：下巴。颏我们不单独说一个颏，有颏孔，颏隆突，它们只是下颌骨上的几个部位的名称，以及不同的位置。颌：构成口腔上部和下部的骨头与肌肉等组织。下颌骨的形态会影响我们。可出现下巴前突，说白了就是手术后的"兜齿"，以及下巴后缩，也就是我们常说的"鸟嘴"畸型。有肥大中型、弯折高低不平型。下颌角有肥大中型、外翻型、内翻型、双侧不一样型等。下颌整形术是处理这种下颌问题而开展的手术治疗。

方形脸能够根据下颌骨整形来纠正，进而打造出鹅蛋脸或是瓜子脸。下颌骨整形主要是根据口腔内创口将宽出的一部分摘除或打磨抛光，有目的性地开展下颌骨整形术，清理颌骨等位置的轮廓，完全改变让人不满意的脸形。

另外，影响面部中下二分之一外观的还有一个重要因素——咬肌，用力咬牙时，面颊两侧比较硬的部位就是咬肌。咀嚼肌包括：咬肌、颞肌、翼内肌、翼外肌等。

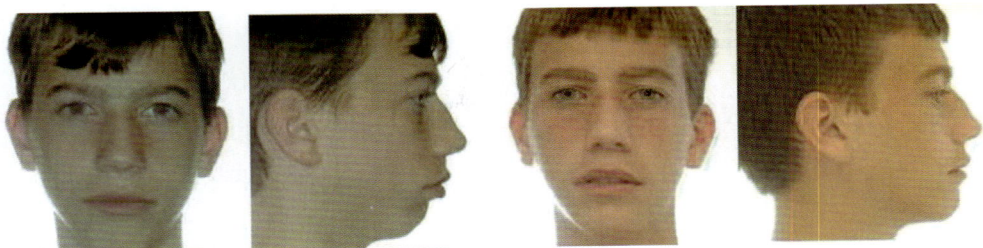

⊙相貌立体面示意

咬肌肥大多伴有下颌角肥大、下颌角外翻等情况发生，所以临床上又将咬肌肥大称为下颌角肥大或咬肌良性肥大，去除肥大咬肌——可接受医疗美容的方式（如：瘦脸）。如果咬肌确实肥大，一般手术多在去除下颌角的同时去除部分咬肌。

精致而紧致的小 V 脸，圆润而优美的鹅蛋脸，都是带来年轻态的好脸形，比起刚硬的国字脸形，柔美的脸形更会在人际交往中得到更好的第一印象。相貌的结构，就是由上述这些部分共同组成，缺一不可，或是单独讨论都没有太大意义，因为相貌是一个整体，是一个综合的感受，我们要对相貌的结构有全面的了解。

D. 立体的相貌 = 60% 正脸 + 40% 侧脸

决定颜值有两条标准最为重要，那就是 60% 的正脸和 40% 的侧脸，单单看正脸是不够的，侧脸也决定了 360 度审美的标准，有些人正脸看着好看，可是侧脸却没有正脸惊艳，因为人的视觉是 360 度的立体观感，所以立体的相貌决定了颜值判断的标准需要 360 度综合考量。

而正脸我们有一套可以量化，国际公认的审美标准：那即是黄金比例。

而什么是黄金比例？

黄金比例是一种数学上的比例关系。黄金比例具有严格的比例性、艺术性、和谐性，蕴藏着丰富的美学价值。应用时一般取 0.618，就像圆周率在应用时取 3.14 一样。黄金比例—— 1:0.618 是一条公认的美学定律，普遍存在于自然界，最符合人类的视觉审美。

黄金比例与自然

有些植茎上，两张相邻叶柄的夹角是 137°28′，这恰好是把圆周分成 1：0.618……的两条半径的夹角。据研究发现，这种角度对植物通风和采光效果最佳。

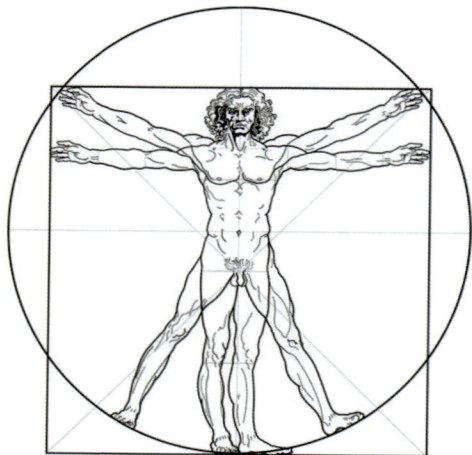

⊙意大利画家达·芬奇创作的人体素描《维特鲁威人》

黄金比例与艺术

无论是古埃及的金字塔，还是巴黎的圣母院，或者是近世纪的法国埃菲尔铁塔，都有与 0.618 有关的数据。人们还发现，一些名画、雕塑、摄影作品的主题，大多在画面的 0.618 处。艺术家们认为弦乐器的琴马放在琴弦的 0.618 处，能使琴声更加柔和甜美。

黄金比例与马夸特面具

一个很能说明问题的例子是五角星/正五边形。五角星是非常美丽的，我

⊙黄金分割比在建筑中的运用

国的国旗上就有五颗，还有不少国家的国旗也用五角星，这是为什么？因为在五角星中可以找到的所有线段之间的长度关系都是符合黄金分割比的。正五边形对角线连满后出现的所有三角形，都是黄金分割三角形。

由于五角星的顶角是 36 度，这样也可以得出黄金分割的数值为 2Sin18。黄金分割点约等于 1：0.618。

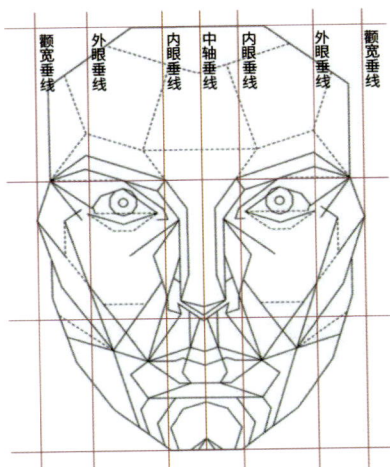

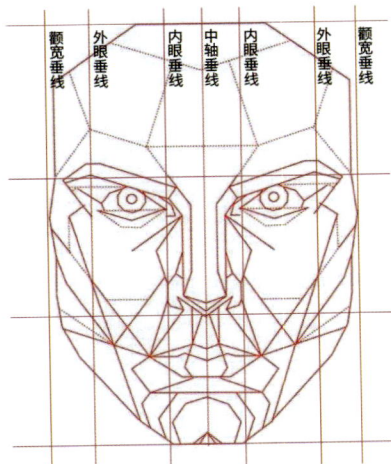

⊙亚洲男版马夸特面具与亚洲女版马夸特面具

正五边形是一个神奇的几何形状：把正五边形的各对角线连上，就会形成一个内接五角星。五角星内所有线段之间的长度关系都符合黄金比例、所有三角形都是黄金分割三角形。

马夸特面具就是一个由两个对称叠加的正五边形生成的符合黄金比例的人脸模型，被公认为最美人脸模型。马夸特面具按种族分为欧洲版、亚洲版、非洲版，又按性别分为女人版、男人版。

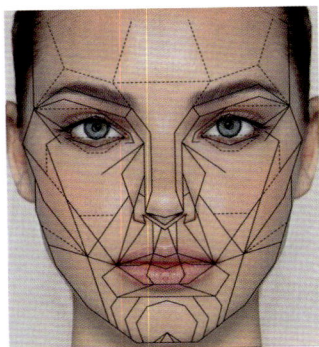

⊙真人马夸特面具

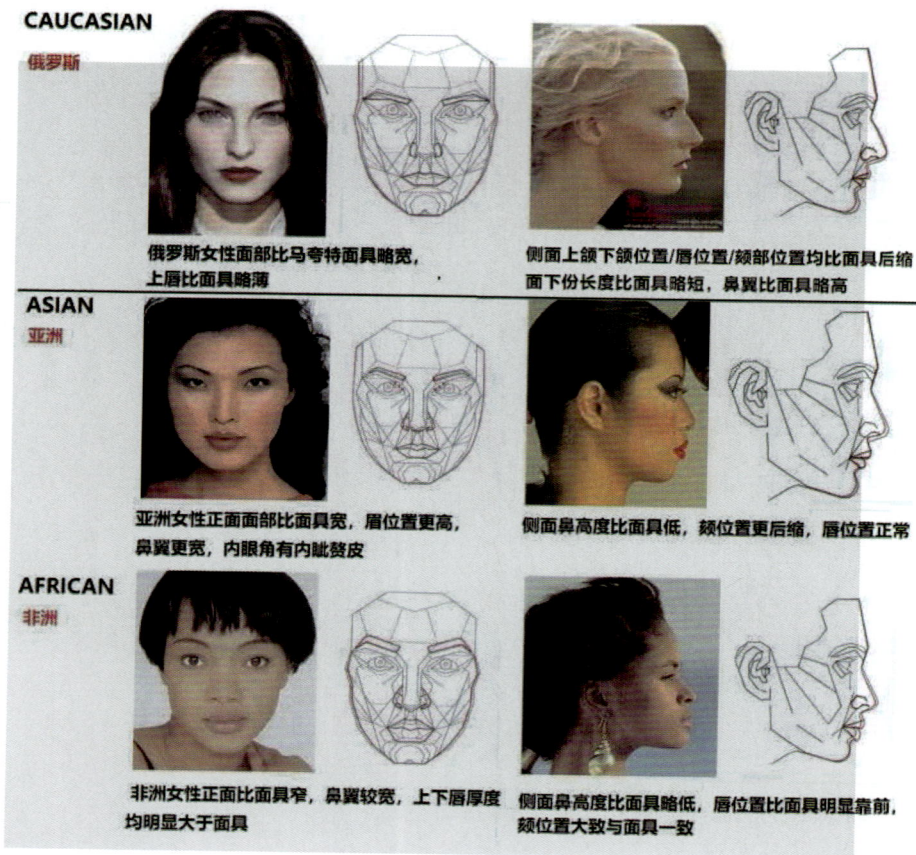

CAUCASIAN
俄罗斯

俄罗斯女性面部比马夸特面具面略宽，
上唇比面具略薄

侧面上颌下颌位置/唇位置/颏部位置均比面具后缩
面下份长度比面具略短，鼻翼比面具略高

ASIAN
亚洲

亚洲女性正面面部比面具宽，唇位置更高，
鼻翼更宽，内眼角有内眦赘皮

侧面鼻高度比面具低，颏位置更后缩，唇位置正常

AFRICAN
非洲

非洲女性正面比面具窄，鼻翼较宽，上下唇厚度
均明显大于面具

侧面鼻高度比面具略低，唇位置比面具明显靠前，
颏位置大致与面具一致

⊙俄罗斯、亚洲和非洲的女版马夸特面具对比

　　"美女脸部黄金比例"是由美国和加拿大研究团队于 2009 年年末计算出的黄金比例公式。所谓黄金比例脸，指的是符合国际认可的黄金比例，界定了双眼、嘴巴、前额及下巴之间的最佳距离。

　　我们以女性的脸为研究对象，一张完美的面孔，其双眼瞳孔之间的距离必定小于两耳距离的一半，另外，对西方女性来说，他们眼睛与嘴巴之间的距离是整个脸部长度的 36%、双眼距离则是脸宽的 46%；同时，专家也表示，东方女性由于五官略为宽大，因此黄金比例应是眼睛到嘴巴长度比例占脸长的 33%、双眼距离则占脸宽的 42%。

关于黄金比例脸，无论是在艺术界还是在科学界，从来没有停止过探索，达·芬奇穷其一生精力，希望能借助自己的画笔找到答案，科学家和数学家则希望借助数字和分析找到答案。

圣安德鲁斯大学心理学院一名专家称，对于我们一般人来说，左右两侧的脸是不匀称的，而科尔盖特（英国 18 岁少女科尔盖特脸孔几乎符合所谓的"黄金比例"，并因此获选为"全英最美素颜"）却几乎完全对称，这一点，更为其美貌加分。

而过去评判正脸的标准用到了三庭五眼，侧脸则是四高三低，在此我们也做了介绍。

三庭：三庭是指在我们脸部的中间画一条垂直通过额头—鼻尖—人中—下巴的轴线，通过眉弓作一条水平线，这样两条平行线就能将脸部分成三等份；从发际线到眉间连线，眉间到鼻翼下缘；鼻翼下缘到下巴尖，上中下恰好各占三分之一，就是所谓的三庭。

五眼：是指眼角外侧到同侧发际边缘，刚好是一个眼睛的长度，两个眼睛之间呢，也是一个眼睛的长度，另一侧到发际线边也是一个眼睛的长度，这就是五眼，这就是正脸好看的一个基础丈量标准。

而侧脸的好看，则要符合四高三低的标准。

四高：第一高，额部；第二高，鼻尖；

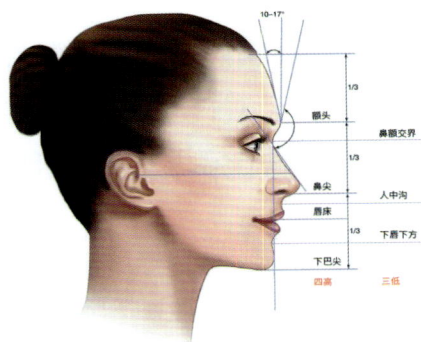

⊙面部四高三低解析

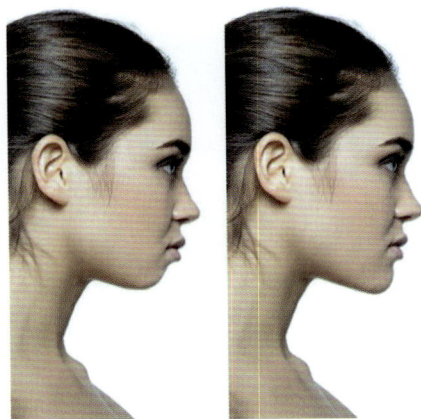

⊙侧颜示意

第三高，唇珠；第四高，下巴尖。

三低：两个眼睛之间，鼻额交界处必须是凹陷的；在唇珠的上方，人中沟是凹陷的，人中脊是明显的；下唇的下方还有一个小小凹陷，这三个凹陷称为三低。

如果一张脸的五官大小形状都好看，五官与脸型的比例分部也符合可视的审美标准，这样正面就会好看。这个占据了立体相貌百分之六十的观看标准，另外这百分之四十的侧脸审美，则来自：第一额头饱满，眉骨适度隆起，才能有起伏明显的鼻额角；第二，鼻尖高，鼻唇沟低，鼻尖低，凸嘴，唇外翻都不能满足侧脸好看的标准；第三，下巴要凸出来一点，下巴尖和下唇之间要形成凹陷。

很多人下颏下垂，有下巴后缩，不但没凹陷，下巴还少了一截。影响侧面颜值还有其他的因素，比如鼻基底凹陷，颧骨高和头型扁平。

◆ 黄金比例和三庭五眼的差异

在讲黄金比例和三庭五眼的时候，我们把脸长分为三个部分，发际线到印堂点为上庭，印堂点到鼻唇角为中庭，鼻唇角到下巴为下庭。

黄金比例三庭五眼对比图

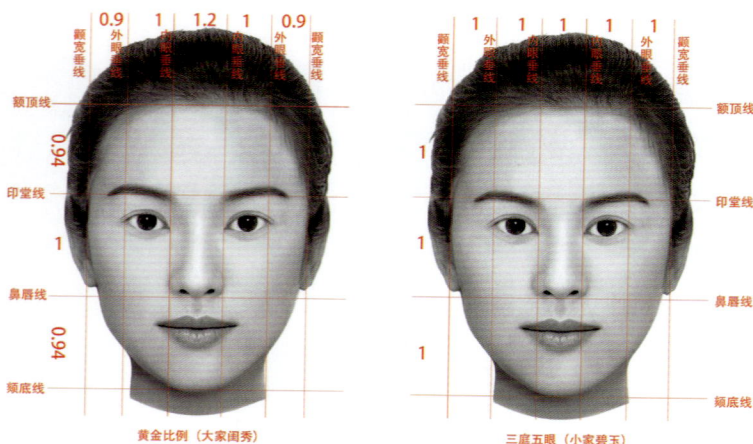

⊙三庭五眼示意

脸宽分为五个部分，分别是左颧弓点到左眼外角点，左外眼角到左内眼角（左眼眼长），左内眼角到右内眼角（两眼之间的距离），右内眼角到右外眼角（右眼眼长），右外眼角点到右颧弓点。

两者差异：脸长上黄金比例上庭：中庭：下庭的比例为 0.94：1：0.94，三庭五眼 1：1：1；脸宽黄金比例五个部分之比为：0.9：1：1.2：1：0.9，三庭五眼五个部分之比为 1：1：1：1：1.

黄金比例的五官相对舒展，看起来更大气，大家闺秀的感觉；而三庭五眼则是五官内聚，看起来更秀气，小家碧玉的感觉。

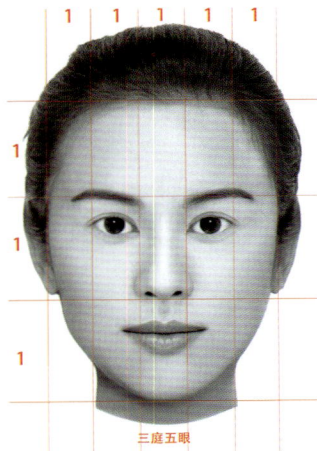

⊙亚洲女版黄金比例模特

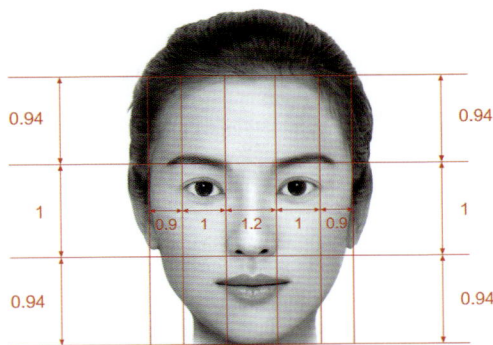

黄金比例

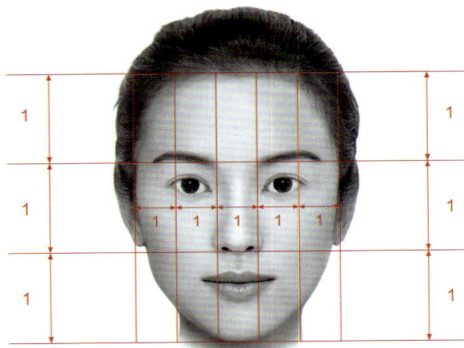

三庭五眼

纵观以上对相貌的研究分析，相貌的立体面，就是 360 度的审美判断，60% 和 40% 的整合，才是 100% 的立体相貌。

2. 相貌相关（基因 / 环境 / 经历 / 习惯 / 性格）

人人都想拥有一张漂亮帅气的脸庞，但每个人的相貌差距之大，让这个世界才有了所谓对美好相貌的无尽追求。

有人曾经说过，脸部的鼻尖以上由遗传决定，鼻尖以下是后天形成的。此话有一定道理，但其实整个脸部的外貌都会受到后天的各种因素影响。

每个人都有自己特定的脸部外貌，人脸部外貌的不同除了遗传因素外，很多后天因素也会影响外貌。影响人脸部外貌的综合因素有以下几点。

◆ 1. 基因

基因遗传决定很大一部分脸部外形外貌，所以孩子都会继承一部分父母的外貌。但这种基因遗传在程度上和比例上并不一致，所以即使是兄弟姐妹，甚至是同卵双胞胎都不会一模一样，只会在某些方面相似，这是最原生的相貌形成因素，可以说是原厂标配，但是基因不是唯一的决定因素。

◆ 2. 生活环境

⊙双胞胎原生相貌差异对比

生活环境指的是外部自然环境，对脸部外貌的影响主要在脸部皮肤、眼睛、鼻梁等部位。

比如长期生活在高紫外线地区的人皮肤黑色斑多，反之在低海拔湿润地区的人皮肤白皙色斑少；生活在高原缺氧环境中的人脸颊会潮红；生活在高寒地区的人鼻梁会高，反之热带地区的人鼻梁扁平。

◆ 3. 经历

⊙影响脸部外貌环境因素示意

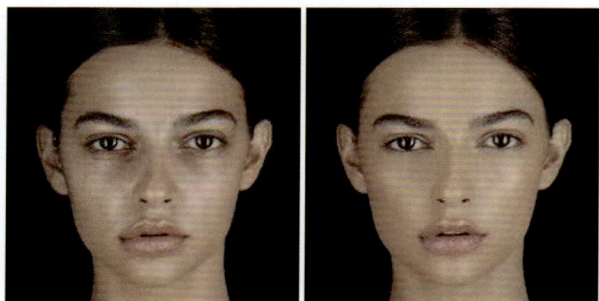

⊙经历会改变一个人的相貌

我们常说一个人的经历会改变一个人的相貌，例如长期生活在婚姻不幸福的女人，容易面容憔悴，神色暗淡，整体就算五官条件不差，也会因为整体肤质的粗糙暗淡，心境的痛苦纠结长期在脸上产生郁结之气，乃至出现皱纹，黑眼圈，让整体的颜值下降。所以我们会说一个女人嫁得好不好，就看她是不是越来越漂亮。这就是经历带给相貌的变化。当然，经历疾病也会导致容貌的改变，比如肝病会导致脸色暗黄；高血压会引起耳朵下部潮红；肾病会导致眼皮浮肿、黑眼圈；等等。

◈ 4. 习惯

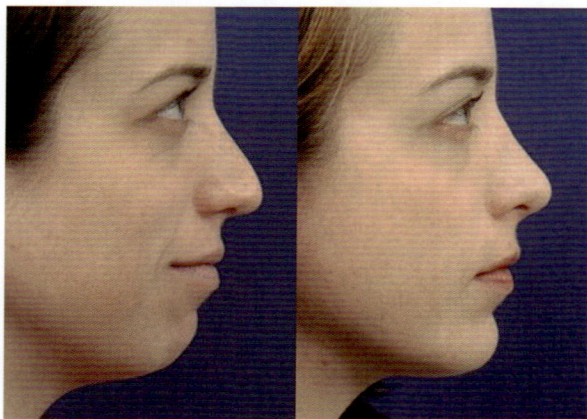

⊙嘴部前凸对相貌的影响示意

生活中的习惯，经年累月的累积也会改变相貌原来的模样。例如呼吸方式会改变脸部外貌，长期习惯用嘴呼吸的人，因为改变空气在口腔内部流动方式，导致下颌、牙齿、嘴部变形，表现为龅牙、嘴部前凸、下颌变短。

一般慢性鼻炎、鼻息肉、

严重打鼾会导致呼吸方式的改变，长期使用嘴部呼吸。有这类疾病的人要注意治疗，特别是小孩子，不然会影响外貌变丑。

下颌骨大，看上去脸部更有棱角，但会导致脸形宽大。反之长期食用柔软食物，导致下颌和颧骨发育小，脸型上下不对称，或是下巴短小而尖。很多人喜欢只用一侧牙齿咀嚼，这会导致经常使用的一侧咀嚼肌发达，甚至颧骨发达，导致脸形不对称，笑的时候嘴巴歪向另一侧，一侧鼻唇沟加深，严重的在没有表情时也可以看出嘴巴歪。

营养状况好的人脸部发育更加完美，这就是为什么古代贵族在相貌上普遍好于普通人的原因之一，当然遗传也有一定原因。

营养完善，会让牙齿、骨骼、肌肉、皮肤发育正常，脸形发育得更好，反之营养不好，影响发育也会导致脸形变丑。经常运动锻炼的人脸部肌肉更匀称，脂肪更少，看上去脸形更加有棱角。反之不经常运动的人脸部脂肪多，即使不肥胖看上去皮肤也较松弛。

◆ 5. 性格

性格会导致表情的变化，频繁的表情改变更会导致脸部发生变化。比如喜欢大笑的人鼻唇沟会深而长；喜欢皱眉的人容易形成川字纹，甚至引起眼部变形、鼻根变窄，经常愁眉不展的人脸部皮肤松弛得会更严重，看上去比实际年龄还要衰老几岁。

性格坚毅的人，在眼神上会更加犀利有神，给外貌加分；反之性格懦弱的人眼神涣散游离，即使有一双先天的大眼睛，看上去也空洞无神。

3. 相貌美学（形态美 / 气质美 / 精神美）

　　人类学中的相貌审美经过演化及群体审美的标准变化，在不同的历史阶段就会形成那个阶段的相貌美学体系；相貌的社交属性为何如此重要，是因为人的自我认知与社会认知 70% 来源于人的相貌。其中相貌的形态、皮肤的颜色、质感，决定了 "美丑" 与 "气质"。大脑对"丑"的感知远远大于对"美"的感知，大脑对形态所带来的气质的感知，远远大于对形态的感知。人际交往中，气质审美往往强于视觉审美；而虚拟世界中，视觉审美往往强于气质审美（气质审美与视觉审美的解说，后面章节有），而相貌美学中我们根据可视与不可视面又分为：形态美、气质美、艺术美。

形态美	气质美	精神美
视觉之美	个性之美	艺术之美
两情相悦	心理感受	精神追求
标准一致	因人而异	高于生活

⊙形态美 气质美 精神美的差异

◆ 1. 形态美：视觉之美 / 两情相悦 / 标准一致

这是从视觉直观上最能感知的美，符合一种视觉标准的美感，符合三庭五眼的比例，拥有皮肤完美的色泽形态，这种形态美最容易带来两情相悦的火花碰撞，这种形态美有一致的标准条件。

◆ 2. 气质美：个性之美 / 心理感受 / 因人而异

这是综合个人心性、性格呈现而出的"个性之美"，这个心理感受及气质偏好因人而异，有人喜欢高冷，有人喜欢甜美，有人喜欢酷飒，因此没有标准，喜好偏差可以南辕北辙。不只因人而异，还会随着时间年岁和情境需求，对于气质类型的偏好也会发生变化。例如年轻谈恋爱的时候可能喜欢性感火辣，而待到适婚年龄可能就会欣赏温柔贤淑的气质，这就是随着年岁和境遇变化时，对于气质美偏好的改变，也是一种心理活动的变化，既没有标准，也就没有对错。

◆ 3. 精神美：艺术之美 / 精神追求 / 高于生活

精神之美多产生于艺术作品，是源于生活却高于生活的一种精神追求。这些形象多半不会出现在我们现实世界里，而是以一种抽象的或是夸张的，或是抽离于真实形态美的再创造。例如京剧里的脸谱，又如抽象画派里的各种女人肖像。这些精神美形象不一定存在于现实生活之中，甚至如果真的出现在现实生活，我们甚至会觉得惊讶或是觉得怪异，但是在艺术创作形式里，这样的艺术之美却被流传至今，因为这其中变形或是抽离的形象，都是高于生活的精神追求，而不是世俗形态的具象化。

4. 相貌审美的追求

（视觉审美 / 年轻审美 / 气质审美 / 审美偏好 ）

    人类对相貌的追求也有一个普世的共性，那就是要：好看、年轻、有气质。当然好看的标准随着时代的不同一直有所变化，不同民族的"好看"，也有一些特定的民俗或环境因素，但是关于相貌审美的追求也可以归类为以下几部分：

    a. 视觉审美：脸形五官的形态美 —— 吸引目光

    b. 年轻审美：红润细腻的皮肤美 —— 展现活力

    c. 气质审美：彰显独特的个性美 —— 自我实现

    d. 审美偏好：喜好没有标准，只有选择

◆ 1. 视觉审美 —— 面孔识别的相貌空间理论：

    何谓相貌空间？同种族人类对面孔识别存在一个相同"相貌空间"，例如白种人对于白种人的审美就存在同一个相同的"相貌空间"。而当我们看到非洲部落长颈族在脖子上叠加了无数金属圈的时候，我们除了觉得古怪不可思议，似乎感觉不到他们认为的"美"，这就是不在一个"相貌空间"的面孔识别，超越同一个相貌空间的任何形态，大脑都判定为"假"或"丑"。但是按照造物主的创造，人类大脑对"美"的感知却有一部分几乎相同 ——那就是对称性、黄金比例（0.618：1）。越偏离对称性和黄金比例的结构和形态越"丑"，而我们大脑对"丑"的感知远远大于 对"美"的感知，大脑对"轮廓及布局"的感知大于对"五官形态"的感知。大脑对"美丑"的评判是分级的，且具有一致性（颜值依据）。视觉审美由基因携带，非学习而来，所以很多科学家也做过实验，研究人员给新生婴儿同时看两张面孔，其中一个比另外一个好看，他们发现婴儿们看漂亮面孔的时间明显长于他们看另外一张面孔的时间。参与了这项研究的心理学家斯雷特说，他们给婴儿们看了很多对面孔，除了漂亮程度之外，每一对面孔之间并没有任何其他的差别，而婴儿们会花 80% 的时间注视漂亮的脸。这意味着新生儿带有与生俱来的辨别美丑的能力，所以视觉审美是与生俱来的，同时也需要不断学习，所有的审美是在生活中发现美，学习美。

◆ 2. 年轻审美 —— 面孔识别的幼态持续理论：

幼态持续是指一个物种把幼年的甚至胎儿期的特征保留到幼年以后甚至成年期的现象，人人都喜欢年轻有活力，其实在幼年时我们都有这些特征：活泼有趣、天真热诚、无所畏惧、精力充沛等。可是，随着年龄的增长，在不同的文化教育和环境影响下，有的人会失去这些天性特征，感觉生活越来越没有生机。

而有一些人总是保持着年轻态，依然能充满好奇、无畏、热情，他们一生都像孩子那样，有很强的学习能力与创造能力，并且做什么事都容易成功。这是为什么呢？

要揭开这个谜底，我们先来认识一个社会生物学的现象："幼态持续"。

"幼态持续"是由美国生物学家斯蒂芬·古尔德率先提出的，他和许多杰出的进化学家都指出，幼态持续是人类进化的核心特征，它推动了各个物种的进化。

在《重新设计生命》这本书中，作者约翰·帕林顿就说：幼态持续，在生物学上是指物种在演化过程中，后代把幼年的状态特征保留到成年的一种现象。

概括成一句话就是：物种的幼年特征一直保持到成年的现象。

我们用例子来说明这种现象。比如最常见的狗，这个物种的形成就是狼在演化过程中"幼态持续"的产物。狗狗长得很萌，嘴很短，眼神温和，这就是保留了狼种那迷人、可爱的幼年特征，却没有了成年狼的野性凶狠，都是幼态持续的现象。幼态持续的现象不仅表现在动物的身上，科学家们通过对狗的研究，也追溯到了人类的起源。

猿类在演化成人类的过程中，也是个体发育的调控基因发生了突变，使得人类的整个发育过程延缓而幼态持续，所以，这样我们就可以来解释成年的人类，为什么会有许多猿孩的特征。

我们先来看看猿的幼态，猿类的新生儿是这样的形象：内唇外翻，体毛稀疏，身体是露出皮肤的；在智力上，猿孩的大脑发育快，学习能力极强。可是随着成长，很快它们的嘴唇收进去了，毛发也变得浓密起来，关键是大脑会停止发育，一旦进入成年态，猿类的学习能力就基本丧失了。

再来看我们人类，不仅在外貌特征上一直保持着猿类的幼态，嘴唇都是丰润饱满的，身上也只有少部分体毛，特别是在智力方面，人类的大脑一直有学习的能力，这便是猿类进化成人类的过程中幼态持续的结果。

这些都是"幼态持续"的生物学现象。

拥有幼态持续特征的人更容易成功！迪士尼的创始人华特·迪士尼，创造了无数个受世人喜爱的经典卡通形象，在晚年的时候，他还创建了世界上第一座迪士尼乐园。华特·迪士尼一生"行事天真"，他用孩子的目光去打量这个世界，用孩童般的观察力去洞悉人们的需求。

美国心理学家马斯洛，他也曾经访谈过大量的、不同领域的杰出人士，他总结道：

⊙年轻的肌肤状态　　⊙衰老的肌肤状态

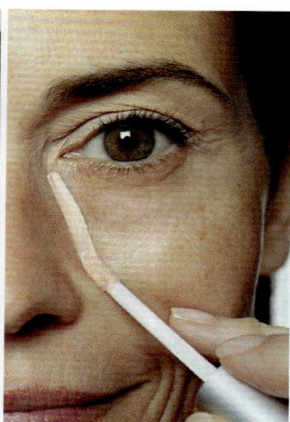

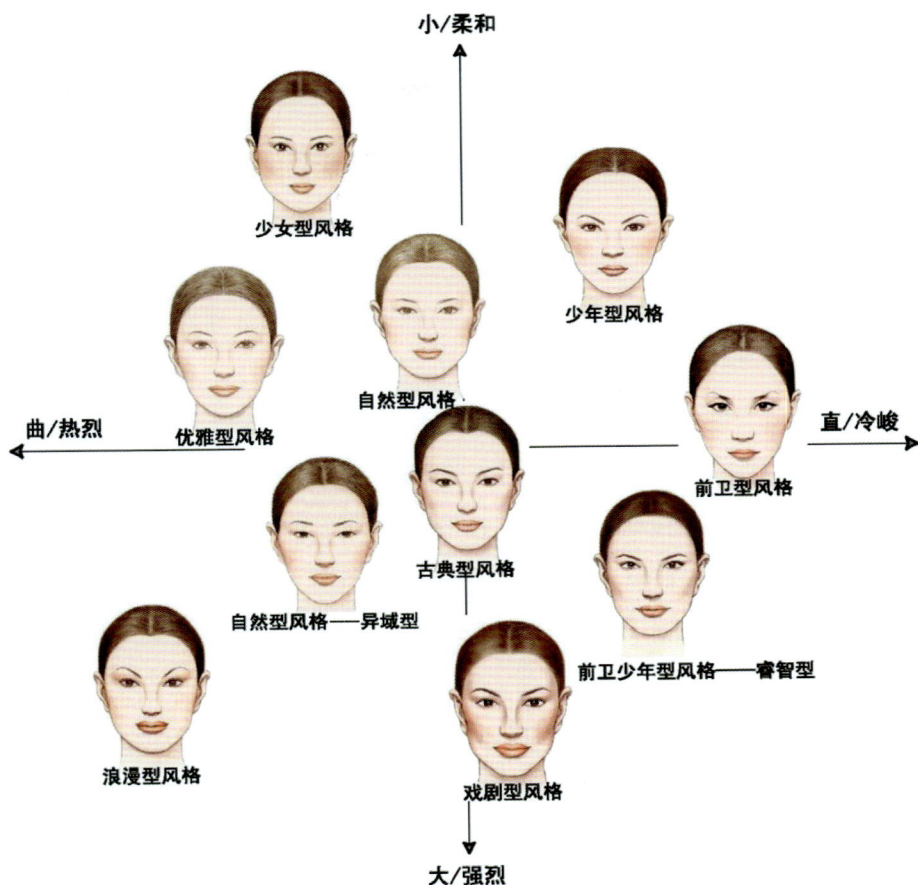

小/柔和

少女型风格

少年型风格

自然型风格

曲/热烈　　优雅型风格　　　　　　　　　　直/冷峻

前卫型风格

古典型风格

自然型风格——异域型

前卫少年型风格——睿智型

浪漫型风格

戏剧型风格

大/强烈

⊙人体型特征象限范围

　　"我所研究的那些自我实现者，他们虽然事业成熟，而他们都表现出了一种被称为健康的幼稚"，那是一种"再度的天真"。源于繁衍本能，人类甚至期望年轻特征一直维持，意味着自身仍具有对激情、创造、学习的渴望！而从外显的表现，年轻特征主要取决于皮肤的颜色、质感和饱和度，也与面部结构相关，幼态持续是一种演化策略，因为人类会关注可爱的东西，这些特征有大眼睛，较小的下腭，细致的皮肤，等等。大脑对"年龄"的评判具一致性（颜龄依据），年轻审美部分由基因携带，透过源源不断的学习欲望和动机，可以让人维持年轻态，当然，也可以透过后天调整获得。

◆ 3. 气质审美 —— 面孔识别的特质空间理论：

气质是个体相貌的社会特质，也称特质空间，具有独特性。气质类型也有各种的划分，我们常说的气质类型有：权威感、亲和力、年轻度、可靠度、聪慧度……而这些气质类型与面部各部位结构、形态的大小、布局、角度以及皮肤的颜色、质地等密不可分。气质审美也称人际社会感知，是第三者观察他人相貌的心理感受。社会交往中，气质审美通常强于视觉审美，如果说始于颜值忠于人品，那么气质可以说是社会交往中，更为重要的社交选择倾向。而气质审美是由内心的修养展示，通过行为、着装、妆容、整容进行改变的。气质审美不完全由基因决定，可以通过学习提升。

何谓气质维度？

心理学上的定义：个体的气质特质通过面部测量标定在一个连续尺度上的特定位置，气质是人的个性心理特征之一，它是指在人的认识、情感、言语、行动中，心理活动发生时力量的强弱、变化的快慢和均衡程度等稳定的人格特征。然而从本书中我们对于气质维度的理解，还可以说是人在环境的影响及淬炼中，随着内在心境的变化，外在形体及容貌的修饰改变，产生从原生到后生的，影响他人对于你在外显气质的判断，所以，气质维度上的象限可以移动，可以改变，也可以透过觉知提升和转型。

然则我们说"心养相 40 年，而相养心只需要 2 年"。

路易斯·拉皮德斯在他的著作《写给年轻人》一书中记载了这样一则实验：

心理学家们征集了 10 位志愿者，请他们参加一个名为"疤痕实验"的心理研究实验活动。10 位志愿者被分别安排在 10 个没有任何镜子的房间里，并被详细告知了此次研究和实验的方法和目的：他们将通过专业戏剧的化妆术，变成一个面部有疤痕的人，然后在指定的地方观察和感受不同的陌生人会对面部有丑陋疤痕的人产生怎样的反应。每一位志愿者的左脸颊上都精心涂抹上了逼真的鲜血和令人生厌的疤痕。然后用随身携带的小镜子使每位志愿者都看到了自己脸上新增的疤痕。当志愿者们在心中铭记下了自己可怖的容貌后，心理学家收走了镜子。之后，心理学家告诉每一位志愿者。为了让疤痕更逼真、更持久。他们需要在疤痕上再涂抹一些粉末。事实上，心理学家并没有在疤痕上涂任何粉末，而是用湿棉纱将刚刚做好的假疤痕和血迹彻底清理干净了。然而，每一位被蒙在鼓里的志愿者却依然坚信，在自己的脸上有一大块让人望而生厌的伤疤。

志愿者们被分别带到了各大医院的候诊室，装扮成急切等待医生治疗面部疤痕的患者。候诊室里，人来人往，全是素昧平生的陌生人，志愿者们在这里可以充分观察和感受人们的种种反应。实验结束后，志愿者们各自向心理学家说明了在不同医院候诊室的感受。这一实验结果，使得早有心理准备的心理学家们也吃惊不小：人们关于自身错误的、片面的认识，竟然能够如此深刻地影响和改变他们对外界和他人的感知。

其实他们的脸上是干干净净的，没有丝毫的疤痕。之所以产生这样的感受，是因为他们将"疤痕"牢牢地装在了心里。正是由于心中的"疤痕"在频频作怪，才使得他们自己的言行、对陌生人的感受与以往大为迥异。

可怕的是。这些心中的"疤痕"都会通过自己对外界和他人的言行，毫无遮掩地展现出来。比如。如果我们认为自己不够可爱甚至令人讨厌、认为自己卑微无用、认定自己有种种缺陷……那么我们在与外界交往中，一定会在不知不觉间用我们的言行反复地进行强化，直至让每一个人都认定我们确实就是那样的一个人。这个心理实验真切地告诉我们，消极的、不正确的思想和心态危害有多大，同时也从反面印证了一个健康的、积极的思想和心态对人生何其重要。

这个实验也很好地说明了相养心的过程，如何迅速地改变一个人的积极或消极心境。

相由心生，心随相转

相，即外在相貌。心指心态、习惯、思维方式、情绪等内在的总和。根据研究，人的相貌首先由 30% 的基因决定，其余 70% 来源于生活经历、习惯、地域等因素。一对双胞胎长大后相貌会有不同，这就是两人生活的不同带来相貌的改变。

相由心生指的是人的心会影响他的相貌。换句话说，人的心可以通过面部特征表现出来。比如经常纠结的人会眉头紧锁，长期持续会导致眉头起纹，在正常状态下也会让人感觉他是一个纠结的人。但要注意的是，这里的相不是指一时相貌的改变，而要从长期的角度去看待。

心随相转指的是人外在相貌的变化会影响心。在心随相转上，主要从三个层面上来讲。心理学层面上，有一个学科叫作具身认知心理学，主要从心理层面研究人类身体活动、变化对大脑的影响。研究发现，当一个人相貌变好，他整个人会变得更积极，更富有能量。相对地，当一个人面部受到损伤，相貌变差，他的心理状态会变得负向消极；生物学层面上，研究表明人类外在变化会影响其大脑状态，有一个学科叫作脑科学，相关研究人员做了一个特别有名的实验：铅笔实验。研究人员让被实验人在含着铅笔和咬着铅笔两种不同的状态下看同一部电影，期间用核磁扫描其脑部。研究表明在两种状态下，被实验人脑部的神经元活跃度截然不同。脑科学研究人员表明：人身体状态的不同，大脑的反应也会有不同；在社会学层面上来讲，相貌的提升会收获更多的社会认可与尊重，从而影响心。反之，相貌的损害也会受到社会不一样的眼光与评价，也会影响心。

相和心如同阴和阳，是一个事物的两面。又或者光的波粒二象性，波和粒都是光的呈现状态，只是在不同的情形下观察所得出的不同结果。相和心也是同理，相是外在体现，心是内部存在。两者相互支持、相互影响。

过去人们只理解到相由心生，很难理解到心随相转。既然二者是同一事物。有相由心生，就一定会有心随相转。

以下为几种基本气质维度：

刚—柔，显示力量感，也称权威度，骨性相关度最大；冷—暖，显示距离感，也称亲和度，肉性相关度最大；老—幼，显示年龄感，也称年轻度，皮肤相关度最大；聪明—笨拙，显示智力感，也称聪慧度；轻盈 - 沉重，显示安全感，也称可靠度。气质审美如何在气质维度上发生变化？我们参看以下这张五官与脸形分布的气质维度参照图，可以看出明显的变化差异。

1. 形态决定气质：

人的脸形结构中，不同的脸型也会决定不同的气质，以下是我们常见的脸形结构，分别对应不同的气质属性。

圆形脸代表的气质：聚集、亲和、圆润、善与人交往。

圆	三角	正方
聚集	**力量**	**稳重**
/	/	/
亲和、圆润 善与人交往	突破、凌厉 富有追求	刚正、安全 值得信赖

三角脸代表的气质：力量、突破、凌厉、富有追求。

正方形脸代表的气质：稳重、刚正、安全、值得信赖。

2. 轮廓决定气质：

脸部轮廓的变化也会影响气质的变化。

长形脸	瓜子脸	圆形脸	菱形脸	倒三角脸
更刚毅	**更冷傲**	**更亲和**	**更气质**	**更细腻**

方形脸	正三角脸	中凹脸	中凸脸
更大气	**更洒脱**	**更内敛**	**更外向**

⊙脸形轮廓的变化影响气质的变化

3. 线条决定气质：

脸部线条的变化也会影响气质的变化。

4. 皮肤状态决定气质：

脸部皮肤状态的不同也会影响气质的变化。

⊙线条圆润上扬　　⊙线条流畅平直　　⊙线条圆润饱满　　⊙线条平直单一

肤质　　　　　　　**肤色**　　　　　　　**皱纹**

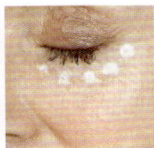

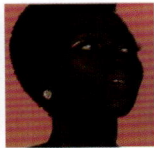
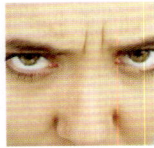

油性　　　**干性**　　　**肤白**　　　**肤黑**　　　**川字纹**　　　**法令纹**

懒散·油腻　　土气·劳累　　贵气·安逸　　健康·干练　　操劳·纠结　　权威·老态

⊙脸部皮肤状态的不同影响气质的变化

⊙内脸型五官内向集中　　⊙脸宽较宽是内脸型的显著特征

面部气质类型分析

总结来说，气质的变化和脸部所有元素的整合息息相关，为什么单看有些人的眉毛、眼睛、鼻子都好看，但放到脸上却透着怪异？为什么有些人的五官并不好看，但整张脸却看着舒服？这种舒服，就是一种气质表征。我们根据女性脸部综合元素，分为以下几种脸型和气质表现：

(1) 内脸型：五官向内集中

五官特点：眉毛、眼睛、嘴巴朝脸部中央鼻子聚拢；眼尾离脸部外轮廓的距离较宽；脸颊周边整体留白较多，五官分布以鼻子为中心均匀散开，但又和外脸形轮廓保持距离，五官并没有充满整个面部，呈静态布局。

黄金比例特点：从上、中、下三庭来看，中庭相对稍显短，嘴巴离鼻子较近。

第一眼到第五眼之间的距离较宽，也就是脸宽较宽，这是圆形脸明显的特点。

气质特点：看起来显年轻态，呈现机灵、青春的活泼气息，呈现幼态感。

(2) 外脸型：五官外放

五官特点：眉毛、眼睛、嘴巴呈外放状，眉眼距离脸部外轮廓的距离较窄，嘴巴离下巴近，脸颊周边整体留白较少，五官分开较散，五官与外脸型轮廓距离较窄，明显脸颊留白较少，属于偏成熟的动态五官布局。

黄金比例特点：从上、中、下三庭来看，中庭相对变长，嘴巴离下巴较近。第一眼到第五眼之间的距离变

⊙外脸型五官外放

⊙脸型较长，宽度较窄是外脸型的显著特征

⊙上脸型五官集中在上半边脸

⊙上庭、中庭相较于下庭稍短，脸宽窄于脸长是上脸型的显著特征

窄，也就是脸型变长，宽度变窄。

五官、脸型量感比例：五官、脸型的量感大小还是协调的，并没有明显的冲突感。眼睛不大不小、脸型同样，搭配组合起来舒适有美感。

气质特点：看起来成熟大气、高冷。

(3)上脸型：五官集中在上半边脸

五官特点：额头宽、眉毛浓、眼睛大、鼻子适中，眉眼鼻集中，嘴巴到下巴的距离比较长，脸部的下庭留白较多。一般这种长相的人眉毛浓、眼睛有神。

黄金比例特点：从上、中、下三庭来看，下巴尖、下庭最长，嘴巴到下巴的距离比较长，上庭、中庭相较于下庭稍短。从五眼看，脸宽窄于脸长。

五官、脸型量感比例：上脸型的眉眼鼻集中，但颧骨也高，脸的上半部是明显优势，嘴唇在眉眼鼻前反倒显得普通不明显了。

气质特点：看起来聪慧、机灵、成熟大气。

(4)下脸型：五官集中在下半边脸

五官特点：额头宽大、留白较多，眉毛到发际线较宽，

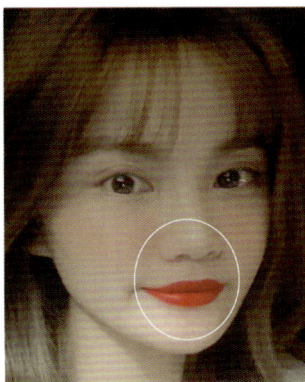
⊙下脸型五官集中在下半边脸

⊙上庭最宽且长，中、下庭较短，颧骨额头宽是下脸型的显著特征

⊙吊脸型五官线条向上提

⊙明显线条上扬是吊脸型的显著特征

下半边脸留白少且短，嘴巴厚或大，鼻子到嘴巴距离短。

黄金比例特点：从上、中、下三庭来看，上庭最宽且长，眉眼散开，中庭、下庭相较于上庭稍短。从五眼看，颧骨额头宽。

五官、脸型量感比例：五官和脸型量感适中，额头宽厚明显，嘴巴量感大，虽然可以强化眼睛、通过化妆得到调节，但掩盖不住整体的孩子稚气。

⊙垂脸型五官线条向下

气质特点：看起来憨厚老实、带有孩子气。

(5)吊脸型：五官线条向上提

五官特点：五官的线条走向明显向上提，眼睛、眉毛向上，颧骨偏高，甚至嘴角也微微向上，整体传递凌厉、强势、个性的气质感受。

至于三庭五眼、五官与脸型量感比例在明显线条上扬面前就微不足道了。

气质特点：看起来有个性，适合冷艳、冷峻等大气风格。呈现酷帅感，让人有明显距离感、不易接近。不过此类气质不代表不可以温柔，她们的女人味全在一颦一笑间。

(6)垂脸型：五官线条向下

五官特点：五官的线条走向朝下，眼睛、眉毛朝下掉的感觉，嘴唇偏厚，给人天真烂漫感，但也会显得疲惫和倦怠，与吊脸型明显相反，可是如果是成熟的五官以及脸型，就显得有些老气和不够精神了。

气质特点：乖巧可爱，天真烂漫的邻家少女。

⊙五官走向朝下，眼睛、眉毛朝下是垂脸型的显著特征

日常生活中的气质 —— 正反向与褒贬义

亲近感——疏离感	权威感——柔弱感	青春感——衰老感
幸福感——辛苦感	可靠感——没谱感	成熟感——幼稚感
高贵感——土气感	慈祥感——凶悍感	聪慧感——愚笨感
妩媚感——清冷感	大气感——小气感	无邪感——心机感
宽厚感——刻薄感	端庄感——猥琐感	坦然感——纠结感
富足感——贫穷感	灵动感——刻板感	阳光感——憋屈感

⊙日常生活中的气质——正反向与褒贬义

这个表格里说的是我们日常生活中遇到的人，所呈现气质的形容词，正反向以及褒贬义的对照。

通过对气质空间的研究，研究人员找到了面部形态与气质空间的联系，比如颧骨，与骨头的相关度最大，把颧骨区域定位于刚—柔这一气质维度。颧骨的具体形态影响刚柔的程度，颧骨高，骨感强气质为刚。颧骨低，骨感弱气质为柔。

苹果肌与肉性相关度最大，则把苹果肌区域气质定位于冷—暖这一气质维度，苹果肌的具体形态影响冷暖的程度，苹果肌饱满，肉感强气质为暖，苹果肌凹，肉感弱气质为冷。

皮肤与老幼气质维度相关性大，皮肤的具体状态影响老幼的程度，皮肤细腻平整气质为幼，皮肤坑洼有皱纹气质为老。

据此，面孔所有部位都可以通过以上规则进行气质的定位，并对不同气质的研究找到不同气质与脸部形态的关系，得出不同气质的气质编码，汇总后形成气质编码量表。

◆ 4. 审美偏好 —— 个性审美

综上理解了视觉审美，年轻审美以及气质审美，我们理解到了，视觉审美及年轻审美可以被量化找到标准，气质审美的偏好却没有标准。

审美偏好的定义：审美偏好是特定个体对特定气质类型的心理喜好。气质类型是有标准的，审美偏好却没有标准，就像有些人喜欢甜美，有些人喜欢知性，有些人欣赏高冷酷帅。审美的偏好具有多样性，故有随地域变化的审美偏好，例如日本审美文化中的含蓄和淡雅，欧美审美文化中的性感外放；随着时间变化的审美偏好，例如男人在青少年时期喜欢的"初恋脸"，到了社会后可能会被成熟知性的"姐姐"所吸引，这就是随着时间变化的审美偏好。随情境变化的审美偏好则是说，人在不同情境中，对于审美的喜好也会改变，位于宁静心境中和位于喧闹心境中，对于审美的偏好也会产生改变。

所以说，审美是个性的，是极具个人特质的，美可以有标准，审美则不行，审美也没有对错，只有偏好。但是能清楚发现自己审美爱好的人，也是非常幸福和幸运的。

◀▶

第五章

可计算的
美与气质

经过了前面四章的铺垫，我们知道了，美和气质是可以有标准和测量的方法的。于是当我们在评估美丑的时候，就有了客观的数据和工具，这个可以协助我们在评估如何让自己变美的时候，有了更为科学精准的方法，所以我们说这是可计算的美与气质！在这些大数据的背后，是一套精准的数学和科学累计的判断，更可以说，是从古至今关于人脸审美标准及变化的汇整，这些数据协助我们判断视觉审美的基础标准，也协助我们做了气质类别的划分，却不会通过这些数据来左右我们气质审美的偏好，可计算的美与气质，让我们对自己的认知有了一个精准的依据，在这个依据的基础上结合下一个章节所提的六商认识，可以为气质美学的提升起到关键性的作用。

既然视觉审美可以得到量化标准，我总结了以下三大核心美学：

1. 气质美学：气质美是一个整体，是一个人的风格，包含面部的形态美和个性美、身体的形态美（黄金比例）、发型、发色、肤色、着装、着装适合的颜色、言谈举止、性格、兴趣爱好、活力等所有内外兼修的展现。气质美学是整体，好比装修前最初的整体风格定位。

2. 光影美学：也就是轮廓立体线，运用化妆的原理，对 T 区、V 区、外轮廓线、内轮廓线进行整体优化调整。比如小轮廓立体需要眉骨、印堂、鼻子、下巴、下颌打高光提亮，额头、苹果肌等提亮，咬肌、下脖线、后腮等需要暗影收缩变小等，以及发际线，侧枕骨等需要美颜和拉提的地方就是需要调整的部位。光影美学好比装修中的打基础做硬装。

3. 动态美学：是面部肌肉在运动时需要呈现的自然灵动，是做细节，打造细节美和高级感以及让面部出彩。动态美学好比装修中的软装。房屋装修中硬装基本是大差不差，但是不懂光影美学的核心，是做不出漂亮的轮廓，而动态美学最能展现医生的审美及技术的结合，它如同房子的软装设计，提升高级和品质，是动态美学最独特的审美标准。

核心技术（研究内容 / 研究基础 / 研究目的 / 应用领域）

年龄段不同我们设计方向不同

20—35 岁是预防衰老（做精致）改善的目的～预防

35—45 岁是阻止衰老（做精致 + 气质）改善的目的～阻止

45—55+ 是还原年轻态（做精致 + 气质 + 逆龄）改善的目的～还原

所以，千万不要说等我再老些再调整面部，年龄越大越老，花的钱越多。

可计算的美学里，有一套完整的测算系统，我们于书中本章节做一个简要的概念输出，概念的细化研究是个系统工程，是我们团队开发研究的学理依据，未来有机会可以更加深入剖析。而其中的核心技术又可以分为面孔识别研究的六个方面：

A. 美丑 —— 你的面孔有没有吸引力？

研究面孔特征与生物特质（生理感受）的相关性

B. 气质 —— 别人看你是个怎样的人？

研究面孔特征与社会特质（心理感受）的相关性

C. 性格 —— 你是个怎样的人？

研究面孔特征与人格特质的相关性

D. 情绪 —— 当下你是什么状态？

研究面孔动态特征与主观认知经验的相关性

E. 健康 —— 你的身体怎么样？

研究面孔特征与疾病的相关性

F. 命运 —— 你的前世今生？

研究面孔特征与过往生命经历及未来生命状态的相关性

◆ 研究内容

研究并计算人脸的 "美丑"（颜值，可以量化的脸部数值），研究并计算人脸的 "气质"（气质，可以量化的脸部数据）。

我们的核心技术：

a. 特征点新体系 —— 人脸解构方法

3D 人脸的美学结构特征点

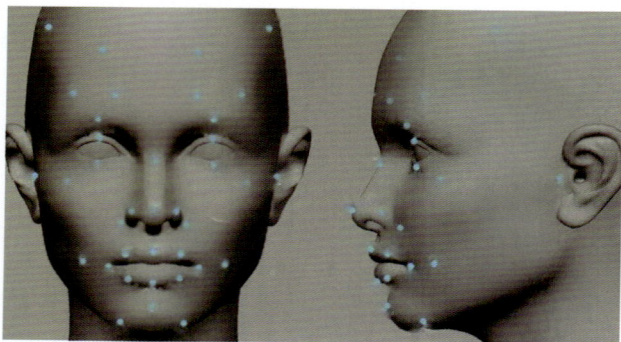

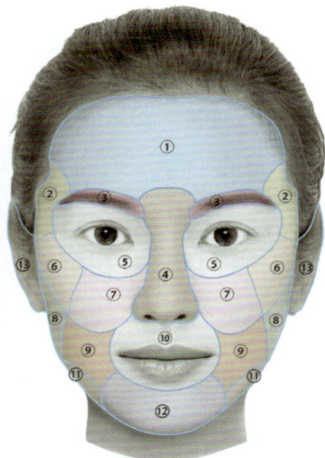

⊙ 人脸的关键特征点

⊙ 3D 人脸的气质审美特征点

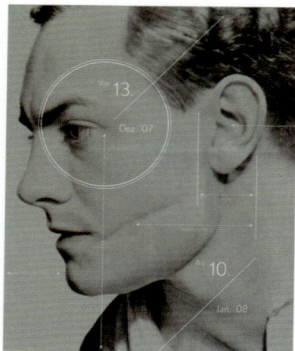

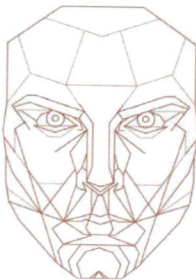　　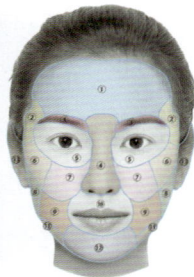

马夸特面具　　皮肤编码　　气质性格编码

⊙ AI 识别算法

⊙面孔识别的研发逻辑 —— 从马夸特面具到皮肤编码再到气质性格编码

系统逻辑（测量—解读—预测—控制）

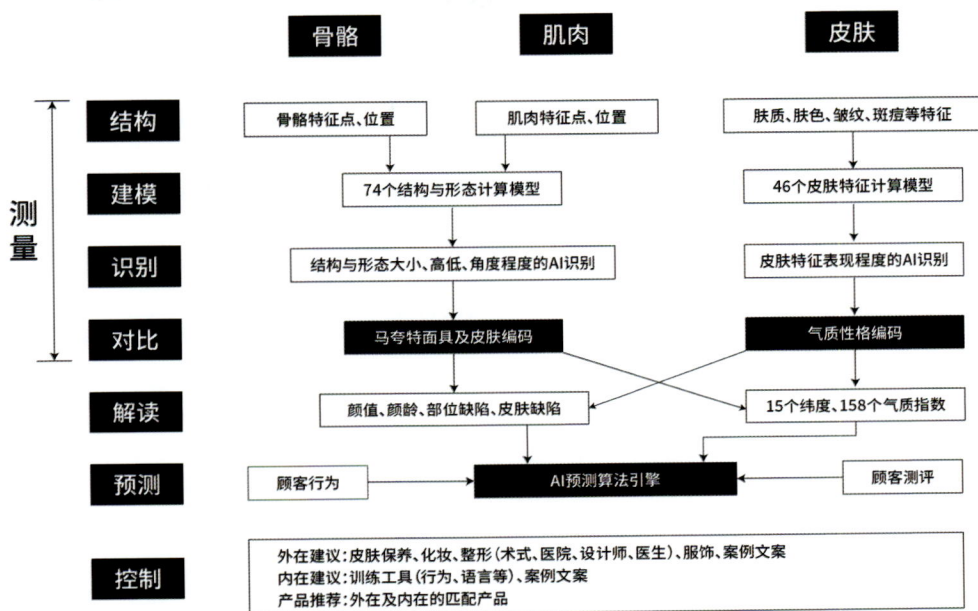

骨骼	肌肉	皮肤

测量

结构	骨骼特征点、位置	肌肉特征点、位置	肤质、肤色、皱纹、斑痘等特征
建模	74个结构与形态计算模型		46个皮肤特征计算模型
识别	结构与形态大小、高低、角度程度的AI识别		皮肤特征表现程度的AI识别
对比	马夸特面具及皮肤编码		气质性格编码
解读	颜值、颜龄、部位缺陷、皮肤缺陷		15个纬度、158个气质指数
预测	顾客行为	AI预测算法引擎	顾客测评

控制

外在建议：皮肤保养、化妆、整形（术式、医院、设计师、医生）、服饰、案例文案
内在建议：训练工具（行为、语言等）、案例文案
产品推荐：外在及内在的匹配产品

⊙面孔识别的系统逻辑

人脸 49 个关键特征点 ——
与"美丑""气质"相关
3D 人脸的气质审美特征点

b. AI 识别算法

3D 人脸的标注及训练，我们拥有国内目前最大的 3D 人脸库，可以从这大量数据库当中获得 3D 人脸的标准数据，再借由

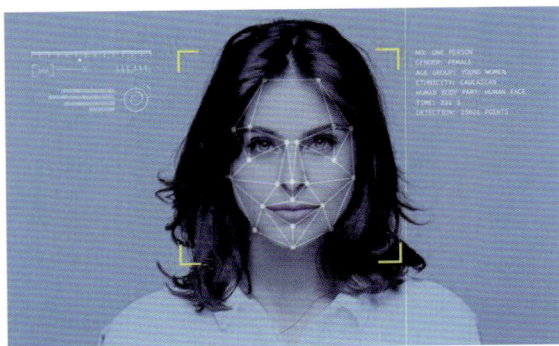

⊙人工智能解读美与丑的应用

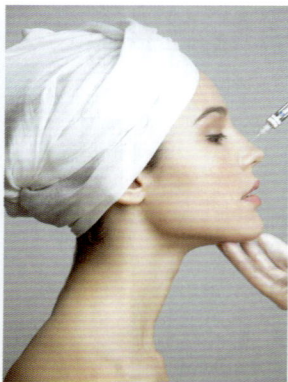

⊙面孔识别技术在美妆和医美的应用

此获得 AI 识别算法的标准。

研发逻辑 —— 从解构到编码，从标准化到数字化形态美学标准：黄金比例、马夸特面具的数字化。

气质维度标准：气质类型的编码化。

皮肤状态标准：肤质、肤色、斑痘、皱纹等的编码化。

◆ 研究基础

透过对心理学、美学、相貌学、人类学、医学、雕塑学……相关综合研究的内容的研究，梳理出一套系统，来鉴别人脸数据中的科学依据，让相貌研究成为一个系统科学，并且成为可以数据化判断的准则。

●研究工具 —— 3D 人脸模型、面孔识别、马夸特面具、气质性格编码。

◆ 研究目的

借由了解自己的相貌，从而可以透过后天的努力，"改变"自己相貌，从"心随相转"，再到"相由心生"的美好气质，从而改变人的生活。未来机器诊断是营销规模化的关键，结合人工智能解读美丑与气质，也将是美业未来必须努力的方向。

◆ 应用领域

美妆和医美 —— 根据面部问题提供个性化美妆方案或医美方案。

人力资源 —— 根据气质性格分析，安排合适职业建议及招聘。

社交 —— 广泛用于婚恋、交友的性格气质匹配。

娱乐 —— 透过手机软件 3D 美颜、APP 看相等。

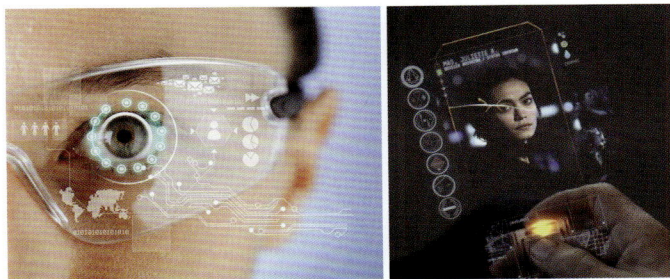

⊙面孔识别技术在人力资源的应用

⊙面孔识别技术在社交的应用

⊙面孔识别技术在娱乐的应用

◎漂亮的人不一定有气质，丑的人一定没有气质。你可以不漂亮，但一定要有气质。

◎气质美是内外兼修的美，外修形，内修心。

Chapter 6
第六章

◆

六商助力气质美学

Six Business Power Disposition Is Aesthetic

内外兼修的美——气质美、外修形内修心

骨、肉、皮 决定美丑与气质，其中说的就是骨骼结构，肌肉形状，皮肤质色。漂亮在皮相，体态在骨骼，气质却在血液灵魂！

长得好看的不如有气质的。女孩儿对"气质"的追求，也是一生追求的目标。美女有很多，气质却不相同，赫本式的优雅、梦露般的性感、林青霞般的英气柔美并济。对女人而言，气质更是在骨血、在灵魂。

现代社会的女性，都在追求更好的更有品质的生活，但很多人简单地将这样的生活等同于商品的明码标价。在理财上没有概念任意豪奢，以依附他人作为筹码；找男朋友，也一并以金钱衡量，期待能够不费吹灰之力找到一条提高生活品质，从此踏入高大上的捷径。

然而真正不应该被明码标价的，最是自己。

在英国，传统以来的贵族意识，哪个人属于底层的劳动者、蓝领还是中产，都是一眼可以看出来的。他们的牙齿健康状态，他们的穿着、谈话方式，他们的体重，他们的生活方式，都是辨识的标准。而这一切，都基于一个人的精神状态。

不可否认，任何一个国家，人都是有阶层之分的。贵族与暴发户的样貌差距，可以通过言行，着装，谈吐，面容结构，总合出让人一目了然的精神面貌。

这些精神面貌，都可以归类称之为"气质"。

对女人而言，气质的样貌体现，除了代表一种生活状态外，更是一种无法被复制的美，是所谓之千人有千面的气质美，既然气质有许多种，你是否已经了解自己并找到自己的特色气质，从而光芒万丈。

你努力提升自己，读书旅行，减肥美容，内外兼修，不一定要成为女强人，但在职场的地位匹配得起自己的生活，那你的自信自然会提升，看起来也会更光彩夺目。

你知书达理，知进知退，懂得换位思考、学会理解别人，又聪明有趣，那你

的气场自然就会令人舒适，让人忍不住想靠近。

即便你没有多富裕的家境，没有读很多的书，没有钱去买更大的房子，也没有余力去过更精致的生活，但你最起码可以做到让自己的小窝温馨舒适，让自己的衣服干干净净，让自己的精神状态清爽宜人。

不以物质取人，不总想着揩油占便宜，所以能看到一个人真正的闪光点，和人交往自然更加真诚。

行为举止优雅得体的背后，那是对自己清楚的认知，既不跋扈张扬也不妄自菲薄，知进退守原则，让所有在其身边相处的人，都能感知到清风徐徐的舒适感。

我们对于一个女人气质好的赞扬，必然是方方面面的集合，颜值高，气质不会太差；颜值低，气质未必差；气质好，颜值未必高；气质差，颜值不会高。而颜值与气质之间的关系，也不是绝对的依附，气质好是对一个女人最高的赞誉，这个赞誉远高于颜值之上，所以气质美学便是一门系统美学。结合了我们前面几章的内容，我希望透过这本书，帮助更多的人。"心随相转"。在认识自己、改变自己之后，将气质美学与私人美丽定制的概念完美结合，研思东方神韵之美，融合萃取西方数理美学的精髓，结合透视，解剖，明暗等科学医学手段，量化美，剖析美，最后呈现美。

在我从事美业多年的经历里，帮助别人变美是一种表象的价值，真实的情况是多少想要变美的动机背后，是解决每个动机背后的害怕和恐惧。如此说来，是否觉得和我们的认知有很大的反差？美的追求怎么会和恐惧有关？因为，人从出生到老死的过程，就是一个生命机体从新生，成长，绽放，衰败，到逐渐走向死亡的过程。而人在绽放及美好的时刻，都有想留住最美好一切的欲望，而欲望的不可及，将会升级为一种恐惧。恐惧青春不再，恐惧健康不再，恐惧财富流失，恐惧双方关系的变化瓦解，这一切恐惧造成了对外在形象改变的追求，然则，美之为美，是来自破除这些恐惧之后，天宽地阔的活成独一无二的美，这个美是你自己，是不可取代不可被复制的独一无二的你。

于是回顾一个女人一生经历的变化，我们会发现，气质也会随着成长经历发生变化，所以有一句经典的话这么说：一个人的气质，体现了他走过的路，读过的书，遇到的人。所以是什么造就了今天的你我？从六商的分析里，说的也是我们这一生里，所有造就，影响我们气质的所有因素，六商的认知，整合帮助我们更加看请自己内外整合而一的追求，皮相的美和年轻是表相，真正理解六商的真谛，才能真正在追求幸福的道路上，从容不迫，达到"大美"的最高境界。

这六商分别是：美商（BQ）、灵商（SIQ）、爱商（LQ）、逆商（AQ)、性商（SQ）和财商（FQ）。我对这六商顺序的梳理，也有我自己的认知和体会，六商必然是互相影响，但也有一定层递的关系，当我们整合这六商的关系，转化为自己成长的能量，必能为人带来愉悦的，美的体验及开枝散叶的快乐。

◈ 美商（BQ）

广泛而通俗的美商定义如下：

全称美丽商数（Beauty Quotient）指的不是一个人的漂亮程度，而是对自身形象的关注程度，对美学和美感的理解力，甚至包括一个人在社交中对声音、仪态、言行、礼节等一切涉及个人外在形象的因素的控制能力。

广泛的理论都认为 BQ 是继 IQ、EQ、AQ 之后新兴的重要竞争力，多数都从外形的雕琢，服饰搭配，形态妆面来整体提升外在形象的优化，这是不可否认及整体趋势的走向，我也乐见越来越多的人对自己的外形有了改变的追求及对美的认可，尤其在当今新媒体当道，IP 流量为王的年代，如何在社交场合透过美感在自身的实践，迅速抓住别人的眼球，这是我们无法逃避的学习和命题。

经过了本书前面大量章节对于美学认知的铺垫，来到美商的定义时，我想跳脱固化对美的认知，来谈谈我对美商的新定义。

我们试想我们常被什么样的"美人"一眼吸引？100 个人可能有 100 个答案，

而且我们在思考这个问题的时候，你很少会想到她细节的五官，肤质，声线，更多时候是一个通感。是那个真诚而迷人的微笑，是那个回眸的眼波，是那声爽朗的大笑，是哪个知性而优雅的举止。其实总结来说，这就是"气质"的表现。每一个美人，都是由内而外转化出来的美感发散，身形面部符合美的标准可以通过后天短期被打造，但是内心乃至灵性的美，则是一个非常长时间的内化，其综合了阅历、学习、家世背景、成长一路的人对她的回应。而真正的美，应该是千人有千面的气质，是一种无法被复刻的，独一无二的综合美感融合，而且可以被辨识，在茫茫人海中一眼看出你就是你。

如何提升美商？

多数人理解的主要是在外形方面，比如服装的配色、服装和妆容的搭配、妆容和配饰的搭配、服装和发型的搭配、妆容和发型的搭配……

但是美商的培养，讲究的是从内而外，美感经验的认知，美感认知的转化，是一个长期熏陶的过程，具有多维度的综合条件培养，不是三言两语可以道尽，也不是照本宣科可以依样画葫芦。

一个人对美学和美感的理解能力，对美的鉴赏能力和让美实践于生活的创造能力，能够实现个人的价值成长，助长专业领域的提升，而美的教育当然也可以在后天学习中勤能捕拙，阅读，看展，学习，透过不断的反思和得体的应对进退，逐步提升自己对美的认识，进而做到知美，懂美，再到造美！

试想一个从衣品到生活细节，方方面面都让人感觉如坐春风，有独特鲜明个人特质，让人过目不忘的人，怎么会不比其他人得到更多信任和机会呢？

气质美的最高级便是，"活出了真正的自己"！

所以在本书中，我谈及了一定比例对艺术史的解析认识，也是希望大家对于美商的认知及学习能够往艺术史里看，再搭配基础甚至进阶的色彩，形体系统课程学习，对自我条件的认识及改造，从而经过时间的淬炼，才能看到"气质美学"真正在你身上的变化。

当一个人有内化的美时，她的美能够上升到具有感染力及灵性，这个灵性是一种对世界真理的感悟，而"真"的美，具有进入人的内心的能力，让人看见即心生欢喜，最高级的美能通达灵性，上升至灵商的层面。

◆ 灵商（SIQ）

广泛而通俗的灵商定义如下：

灵商（Spiritual Intelligence Quotient），它是心灵智力，即灵感智商，即是对事物本质的灵感，顿悟能力和直觉思维能力，其必须与智商（IQ）配合运用才行，实际上，灵商是指一种智力潜能，属于潜意识的能量范畴。

灵商可谓人类与万物打通链接的一个商数，似乎听起来有点玄妙，也可以理解为你对世界真理的顿悟，开窍是否具有灵敏度。在霍华德·加德纳（世界知名教育心理学家，最为人知的成就是"多元智能理论"）的智力分类中定义为，"进入人内心的能力"。灵商高的人一定是充满智慧的，他们仿佛可以看穿一切，可以洞悉一切。它是一个人内在的驱动力，内在的能量，内在的创造力源泉。灵商高的人通常充满直觉，第六感很强，能够洞悉事物的根本，充满灵性的创造。理论上灵商的重要性是远远凌驾于智商之上而又不能离开于智商的。智商高的人一般悟性也好，灵商也容易高。但是又不是绝对，有些高智商的人也不一定有灵商。只能说开启灵商的钥匙是智商，但不是每把钥匙都能开启灵商。

　　说得再深刻一点，灵商就是你接近真相的能力，或者洞悉世界的能力。灵商高的人对自己内在的价值追求非常敏感，而且更加倾向于追求生命本身的价值。无关乎宗教信仰，是内在与宇宙链接的能力，是内在驱动力，内在能量与内在的创造力泉源，20世纪瑜伽大师斯瓦米·拉玛在《冥想》一书中提道，"认识内在自我，与外界世界和谐共处，获得真正的满足"。

　　灵商越高的人，对自我的认知清晰而强大，内心丰盈而饱满，他的心中能散发出丰富他人的能量，这个能量水平会成为一个输出改变他人乃至改变世界的力量，这种能量仿佛无形，却能在人与人之间流动互相影响，帮助世界达到一个稳定的平衡。但是，这不是说我们的能量水平就永远处在同一个水平或说同一个频率。

我们的人生在不同的时期会有不同的命题和波动。随着我们对内在的关注，随着我们的觉知力和意识水平的提升，我们的能量也会不断地提升并转化，而我们的灵商成长，就是这样一个不断提升转化的过程。

所以说灵商是无法具体测量的，灵商高的人，具有宽阔的心灵格局和包容力。

但是灵商有时候体现为天生一种超越的能力，是无法从后天获得的，后天获得的多是能力和技能，而心灵的悟性和潜能往往从孩子出生就几乎注定了，小孩或驽钝或机灵，可以在一群孩子中，一眼就看出区别。譬如在相同的社会环境和家庭环境中，甚至类似的身体里，如果装了不同的灵魂，那么就会有截然不同的命运。我们常说有些孩子少年老成，仿佛可以理解和看透比成人更通透的道理。

灵商越高的人，对环境的依赖程度越小，他不那么容易受到环境的影响，相反，他极其需要从环境以及与人的链接里面汲取养料，充实自己，丰富自己。在好的环境里，他能够充分运用条件，去实现自己的追求和梦想，去做自己想做的事情。不好的环境里，通过那些困境，丰满自己的认知度和理解力，壮大自己灵魂的格局，激发自己心灵的包容力。更重要的是，在这样的环境里面，更加深刻地开发出他的创造力，激发出他的改革决心，给予他创建新环境甚至改革社会的力量。历史上例如我们说印度国父甘地，诺贝尔和平奖得奖者德蕾莎修女，都属于灵商极高的人，所以有了改变世界的能力。

灵商高的人，对自己有更深刻的觉知，带着觉知去生活，拥有了觉察和倾听的能力，能够体悟到自己的内在价值，内在追求。有足够的能量支撑他度过任何困境，向着自己的梦想前进。灵商是一种综合性的心灵的能量。拥有这种能量不仅能感受到人际方面的情感，善于沟通和表达，让自己与外在有一个很好的连接，更能感受到整个生命和世界的关联性。所以很多灵商高的人走上了人类公益事业以及心灵成长的道路。

而灵商高的人，他们往往会传达出大爱的能力，他们的爱高于本我立于超我，是一种人际关系链里的最大关系网，因为已经超越单纯的爱情、亲情、友情，俨然是爱商的最高境界。

而爱商又是什么？

◆ 爱商（LQ）

广泛而通俗的爱商定义如下：

全称爱情商数（Love Quotient），人在爱情、亲情、友情等情感中的处理能力，指一个人了解爱本质的程度和正确地接受和表达爱的能力。

其包括衡量人们参与救助灾害、救济贫困、扶助残疾人等困难的社会群体和个人等公益爱心活动的重要指标。衡量人们对待爱情与恋爱的认知水平。其重点是衡量内心爱与情的认知高度。

爱，其实是一个非常大的议题。而我把其归为是人降临到这世界上时，与所有人关系最开始的连接，父母、手足、伴侣、朋友、同事，甚至是千万与你擦身而过的陌生人。

这个关系的连接从我们呱呱坠地的那一刻便开始了，我们以哭声唤起身边所有成人的关注及对新生命的怜爱，这便是爱商的缘起。

然而我对爱商的定义，认为更重要的是从我们自己出发，如何拥

有爱的能力？就是先爱自己。而怎样才能得到爱？爱是一种觉受，从心而发，学会给予而非索取，你所爱之人和事物，才会给予你更多的滋养和回馈，赋予你更丰盈的人生。

我们常看到亲子及伴侣关系中常见一方"倾尽所有"的付出，甚至做到完全丢却自我，最后依旧没有得到自己在意人的"期待"回应值，这种落差容易造成付出爱的人，以不平衡的索取方式来要求回应，并没有倾听对方对于爱的接受程度的反馈，这最后就会造成关系的破坏，比如我们与父母、爱人、朋友、子女之间的关系，涉及了亲情、友情和爱情，爱商高的人，更有能力创造自己及他人的幸福。

我们如何放下自己的欲望呢？

当我们无条件爱自己，就会明白，生命里的每一刻都是最富足的，当下拥有的，就是此刻你需要的一切，没有的，便是不需要的。当你认清这个"真相"后，"放下欲望"就是自然而然的事了。

智商和情商更强调自我能力，而爱商更强调的是先爱自己后与他人关系网的延展、维护，乃至升华。

一个爱商高的人，通常有哪些特质呢？

一、自我觉察能力

心理学家荣格有一句著名的话："你的潜意识指引着你的人生，但你称其为命运。"

对于自己潜意识的认识，代表了你对自己的认知。你对于配偶或者朋友的选择能力，便是来源于爱商背后对于潜意识的运用。通俗地讲你会喜欢上什么样的人，或者说，会被什么样的人所吸引，都是由我们的潜意识来决定。潜意识不是我们没法控制的吗？

那我们怎么运用呢？其实构建潜意识的是我们自己的觉察能力，也就是说，我们的觉察能力如何，直接决定了我们的潜意识用什么样的方式运作。对于爱的觉察能力，却带有每个人各自的性格特点。

在我们成长的过程，会因为各种原因导致一些我们想要实现的愿望一直得不到满足，例如婴幼儿口腔期未被满足，吃手被阻止，既无法促进手部神经元和大脑神经元的发展，也会体验到一种被拒绝，被阻扰的心理挫败感。婴儿终生都会带着这种印记。

口腔期没有被满足的孩子，长大后可能会有很多上瘾行为：烟瘾，烟不离手；不停要吃零食，停不住口；喜欢滔滔不绝地说话，话痨；喜欢啃自己的手，咬指甲；肛门期儿童在肛门期欲望的满足和他在大小便训练过程中所学到的人际关系方式，对他未来的人格形成产生较大影响，过于放纵或过于严厉的大小便训练都可能导致肛门期的固着，并表现为相应的人格特质。肛门性格的特征，包括吝啬、整洁、强迫和固执。希望抓住事物；希望事物都整洁有序，坚持己见；有较多的"应该"，希望将自己的方式加在别的人和事上；内心冲突较多，主要在于抓住或放弃，反抗或顺从，谁控制谁的问题。

而这些未被满足的愿望会被我们压抑到内心的深处，成为我们的潜意识。

所以，一个高爱商的人，并不是体现在他能够一眼看出爱自己的人，而是他的自我觉察能力比较强，能对自己的经历进行反思和体会。

如果他的情感经历并不愉快，那他会反思为什么自己会走进这段关系，这段关系究竟揭示了内心深处怎样的需要，并及时调整自己的行为。而通过这样的觉察，他们就会更深入和全面地了解自己。

当我们有能力主动避开错的人的时候，我们遇到对的人的可能性就会大很多，这就是选择配偶中的爱商。

二、善于交流的特质

我们知道，就算选择了相对对的人，也只是踏上幸福生活的第一步。情感需要经营，家庭需要经营，婚姻更需要经营。相爱只是开始，相处和相爱有着天壤之别。正如古话所说的，相爱容易相处难。

爱商高的人会懂得，要建立或者保持两人之间的亲密关系，就要尽量多地营造良性的互动模式，就是多关注对方的优点而不是缺点，善用积极错觉。心理学家罗兰·米勒认为，积极错觉就是对自己的伴侣构建善意和大度的认知，突出他们的优点而缩小他们的缺陷。他们并不会忽视伴侣真实的缺点，只是认为这些缺憾并不如其他人认为的那么重要。

其次能够合理调整自己对他人的期望值，于是和爱商高的人相处，不容易争吵，总是如坐春风，他有很强的沟通能力，能够站在他人立场为别人思考，他不是完全没有缺点，但是他明白如何弱化自己缺点，展示自己的优点，并且在与他人相处过程当中，找到让彼此都舒服的平衡点，甚至是幽默化解，爱商高的人，具有和他人相处的交流能力。

三、化解负面影响的特质

一个人的爱商和他的家庭有着千丝万缕的联系，这种联系很可能影响他的一生，而原生家庭也会对他的爱商的高低产生重大的影响。父母、亲人，是我们的人际关系网络中和我们联系最紧密的群体，也是对于我们人格塑造和性格培养影响最大的一类人。简单来说，我们的家庭决定了初始的爱商基数。因为每个新生个体来到世界上第一个关系网络便是家人，就是说我们最初对于"爱"这个情感理解是来自于自己的家庭。

比如，一个家庭中父母总是吵闹争执，亲人间总是相互猜忌互相拉扯，那这样的家庭成长起来的孩子多半是敏感、脆弱，甚至是偏执的。成长于夫妻和睦家庭的孩子往往给人谦虚、自信、诚恳、大方的印象，前者家庭中长大的孩子，爱商就可能低于后者家庭出生的孩子。

但是爱商不是一出生就决定的，事实上，那些具有高爱商的人，都是通过后天家庭中对于"爱"的学习和理解才逐步成长起来的。但是如果在原生家庭中曾经得不到爱的丰满，也能通过后生自己的学习的修复获得，所以说家庭是爱商的基数，在这个基数上，我们成长一路遇到的人和事，能不能修复我们的基数甚至创造高分，这是每个人对自己的自省成长能力。当领悟到"爱"不是索取，更是感恩也是馈赠的道理时，他们会用正确爱的方式来克服原生家庭给他们带来的阻碍，对家人、对配偶展现自己的高爱商。

而高爱商的人，就是具有高度自省能力，也因为内心的饱满和充盈，让他们更有自信。

面对问题具有自省能力。爱本身就是一种力量，也为帮助自己面对各种挫折困境时，具有超越困难的能力，这个商数我们称之为"逆商"。

◆ 逆商（AQ）

广泛而通俗的逆商定义如下：

（Adversity Quotient， AQ）全称逆境商数，一般被译为挫折商或逆境商。它是指人们面对逆境时的反应方式，即面对挫折、摆脱困境和超越困难的能力。

它是由美国职业培训师保罗·斯托茨首次提出的概念，他认为逆商分为四部分：

一、Control：控制感

"C"（控制感）：控制感是指人们对周围环境的信念控制能力。面对逆境或挫折时，控制感弱的人只会逆来顺受，信天由命；而控制感强的人则会凭借一己之力能动地改变所处环境，相信人定胜天。

二、Origin & Ownership：起因和责任归属

"O&O"（起因和责任归属）：造成我们陷入逆境的起因大致可以分成两类：第一类属内因：由于自己的疏忽、无能、未尽全力、抑或宿命论；第二类属外因：合作伙伴配合不利、时机尚未成熟、或者外界不可抗力。

三、Reach：影响范围

"R"（影响范围）：高逆商者，往往能够将在某一范围内陷入逆境所带来的负面影响仅限于这一范围，并能够将其负面影响程度降至最小。

四、Endurance：持续时间

"E"（持续时间）：逆境所带来的负面影响既有影响范围问题，又有影响时间问题。

而持续时间是指我们主观认为逆境所带来的负面影响所持续的时间，逆商高者相信困难只是暂时的，很快就会过去，而逆商低的则会认为逆境将长时间维持，甚至因此失去努力改变的希望。

我命由我不由天，说的就是逆商高的人的思维方式。西蒙·波伏瓦，法国存在主义作家，女权运动的创始人之一，著有著名的《 第二性 》。是一个为广大世界开拓两性关系思维的女性思想家。19 岁时，她便发表了个人"独立宣言"——"我绝不让我的生命屈从他人的意志"，是一个真正高逆商的代表宣言。

人遇到困难挫折时的第一反应通常是闪躲及退缩，然而逆商的培养是一个反向面对第一反应的过程，逆商高者，能正视自己逃跑退缩的原因，并找到翻转困境的方法，成为一个反逆境者。

创业成功与否，不仅取决于其是否有强烈的创业意识、娴熟的专业技能和优秀的管理才华，而且在更大程度上取决于其面对挫折、摆脱困境和超越困难的能力。教育工作者在实施创业教育的过程中，应

该把孩子的逆商培养作为着力点，使孩子在逆境面前，形成良好的思维反应方式，增强意志力和摆脱困境的能力。有专家曾说 100% 的成功等于 20% 的智商加上 80% 的逆商和情商，可见逆商在人生的道路上，是多么重要，因此 IQ、EQ、AQ 被统称为 3Q。

低 AQ，一般在遇到挫折时就会一蹶不振，感觉天塌了，做什么都没有恒心和毅力，最容易遇到困难就退缩。

中 AQ，不能准确地判断逆境的发生原因，因此也不能很充分地利用自己的能力，解决困境，有时会出现无力感，而且解决的过程也比较费力劳神。

高 AQ，这类人一般不容易半途而废，就算遇到困境，也能冷静地分析原因，并通过合理地利用手上的资源解决困境。

如何培养逆商？

首先充分理解挫折也是人生的一部分，并实践负重效应，这一效应其实是来源于一个航海故事，故事中有一位经验丰富的老船长，在航行过程中，船队突然遭遇了大风暴，老船长临危不乱的让水手们打开船舱，向里面灌水，这才让船只安稳地渡过了难关，原来随着舱内水量的增加，船只受到风浪的影响就越来越小，因为船长说"一只空木桶是很容易翻的"。这就是负重效应的由来，就像空木桶容易翻一样，船只有在负重的情况下才是最安全的，而空船会被猝不及防的大浪打翻，所以负重前行并不是什么坏事。

保罗·斯托茨教授将逆商划分为四部分：控制感，起因和责任归咎，影响范围，持续时间，我们可以就他提出从这四个方面来培养逆商：

1.控制感：人们对于周围环境有一种信念控制能力，打个比方就是控制感低的人，在面对逆境时，不会想要积极地改变，而是听天由命，认为自己无能为力。所以我们要培养自己面对逆境的良好态度，以此来加强自我的控制感。

2.起因和责任归属：这又被分为内因和外因，逆商高的人往往对于困境发生的内外因都能够清楚地认识，并通过反思，快速地在跌倒中站起来，所以我们也要积极地锻炼自我的分析能力，每当困境来临后，可以通过分析挫折的内外部原因，在脑中获得更加清晰解决的办法。

3. 持续时间：逆境带来影响的持续时间，长短跟着我们转化逆境的能力有关，我们要学会在缩短逆境带给我们影响的时间长度，例如你一直萎靡不振，无法积极投入下一段事业或关系中，导致正常生活的运作影响到自己甚至他人，所以减少逆境影响的持续时间才是提高逆商的好方法。

3. 影响范围：逆商高的人一般都不会将挫折带来的消极影响传染给他人，很多一蹶不振的人不仅仅影响着自己，还让家人也跟着受罪，这样反而更加容易沉溺在沮丧的氛围中，无法自拔，不如积极地让自己振作，缩小负面情绪的影响范围。

而逆商的最高级体现，便是独立精神和自由人格。独立精神是不依附，不屈从，不轻言放弃，理解到面对挫折的处理能力，是每个独立个体应当成长的能力，不推脱，不逃避，不埋怨，遇事先反问自己如何修正，而不是把问题都推导到他人身上。如此进阶，便能达到自由人格。最美的人格是什么样？他一定是充满自由和力量的。这便是自由人格。自我觉知方面既能向外看，也能向内看。向外有宽广世界，向内有深邃大海，而非井底之蛙一般的狭隘。自我和他人之间泾渭分明，无论身处何处，他总能让自己获得更多的满足感。心灵的自由不被外在的困顿所限制，所以我们也才能看到，历史文学艺术作品中，往往那些伟大的，可以流芳百世被传颂的作品，都产生于作者最为困顿的时候。

一个人没有自由感觉被禁锢是分两部分的，一个是心灵，一个是身体。

身体的没有自由，指的是一个人困在一种环境中，或一种关系中，只能做被要求的事情而没有自己的可操控性。心灵的不自由，就是不知道自己需要什么，茫然或是没有思考的跟着他人要求走。

老子的《道德经》就是由他的自由人格所撰写的："人法地，地法天，天法道，道法自然。"自由的人格一定藏在智慧的深处，这样的人格是不容易遇到的。即使你众里寻他千百度，蓦然回首，还是不见伊人之倩影。

总结来说，逆商的培养必然是从小从细节做起，人生不可能永远一帆风顺，挫折是人生的试金石，只有在困难的淬炼中才能成就，没有经历的人生不足以说道，没有挫折的人不会发光，如何把挫折翻转为腾飞的力量，成为具有独立精神乃至最高自由人格的人，功成名就只是世俗看见表显的一部分，就算如同陶渊明般不为五斗米折腰，那也是逆商中，最为超脱的"自由人"。

而我们为什么要提出性商的重要并重新定位之？那是因为性商包含了爱商的能量，甚至能拔高转化成灵商的最高理想实现，并在"自由人格"里游刃有余。你，了解什么是"性商"了吗？

◆ 性商（SQ）

广泛而通俗的性商（Sexual Quotient）定义如下：

指的是身体智慧、两性智慧，性商引导女性从根本上提升自己的气质吸引力，对亲密关系来说，真正起决定性作用的是女人的性商，而智商和情商只是辅助，一般来说，在亲密关系中，女性性商越高，性生活越和谐。

然而，性商并不只是如此浅层的定义，其是通过身体、情感和能量，与伴侣亲密联结的能力。远不止通俗文化中常被提到的性爱技巧、姿势或是频率，更包含

了对性积极的态度，对自己身体的完全接纳，以及在亲密身体互动中沟通与爱的能力。其是性能力、性能量和性智慧的集合体，是每个人生命质量的关键商数。

性从来都不是一个简单的话题，中国乃至世界很多国家的人，都无法像说吃饭、喝茶、健身一样地聊这个话题，因为它与人权、男权、体制等都有着紧密的关系，十分敏感，然而回到生命的本源去探讨，没有性，没有你我，没有性的起源就没有生命的开始，而人类的性活动是所有生物当中，除了繁衍需求外，可以产生愉悦、亲密，甚至打通思维及能量的一种特殊行为，远远超越其他生物简单粗暴甚至还有痛苦的性行为。

我们的社会没有经历一个如国外般的性解放运动及理性回归的时期，我们社会性观念的变迁是一点一点进行的，再加上国家的教育水平差异化分布，基础性教育不受重视，整个社会依旧对性这个议题采取隐晦不上台面的处理方式，然而男女在性成熟后，性却是一生的课题。

提升性商，可以提升女性的幸福感，帮助众多家庭的夫妻关系更幸福稳定，降低离婚率，从而也给孩子稳定健康的家庭氛围，往大环境看，的确是一门非常重要的课题，而往个体看，性商的提升，不仅让个体的生理机能维持在健康年轻的状态，还能提升心理幸福指数，从而更高级别追求灵性及创造力。

从生理层面来说，长期没有性生活的危害有哪些？女性长期缺乏正常的性生活或者性压抑会导致她们的性功能的器质性萎缩，阴道分泌物减少或者干燥，抗病能力下降，从而可能引起阴道感染性疾病、宫颈炎和盆腔炎等。

从精神层面来看，女性长时间没有性生活容易对性产生淡漠的情绪，让人的生殖性功能下降，甚至会提前进入更年期。人的生理功能都要遵循自然规律，当机体觉得这种机能是你所不需要的，那么它就会结束它的使命。性是最晚成熟的系统，同时也是最早衰退的系统，长期没有性生活还会导致女性的心理和行为发生变化，容易迷失自我，失落感明显，出现睡眠障碍、头痛、肠胃痉挛等的症状。甚至可能引发抑郁症。

很多人羞于谈性，甚至认为性能力的提高等同于放荡，这是一种错误的认知。提高性商，不是让自己在性方面毫无节制，而是为了让自己从性的正确认知里，逐步创造出属于你自己的性能量，与伴侣身心和谐，两人在最浪漫的时刻能体会到更愉悦的快乐。

如果性商不够高，该如何提高？

一、有一个健康的性观念

虽说现在社会对待性越来越开明包容，但是传统性观念的遗毒仍然影响着许多人。

很多女性依然对于性的话题本能的抵制，谈性色变，对于自己内心的需求依然保持克制，而不是面对。对于性，不克制不放纵，而是保持着健康的态度，一次高质量的爱爱胜得过十次低质量的，相比于数量，性生活的质量更为重要，但是性的关系一定是建立在爱之上，爱商说的是关系，所以在关系的整合里，提升性商的能力，便能相辅相成达到身心甚至是心灵的和谐。

二、通过学习增加性知识

在学校的教育中，性教育这一块始终是一张白纸，许多人毕业后到了社会上，很多性常识都不清楚了解，这就造成了很多人在以后性生活中的困扰，有问题也不知道该怎么去解决，最后影响到了感情的稳定度。

一些男性缺乏最基本的性常识，在过程中，以自己的视角和感觉去看待对方，导致出现诸多的问题。女性在过程中需要更多的前戏，来减少摩擦感带来的疼痛，这一过程，男性可以通过温柔抚摩的方式帮助女性进入状态，男性也可以通过这一过程把自己的状态调整到最佳。男性在事后安抚一下女性，陪女性聊会天，对增加关系亲密度能达到加温的效果。而性知识的学习当然不只局限于各种技巧和生理性常识，关于心理层面的理解学习，那也是不可或缺的学习过程。

三、学会沟通来提高性商

沟通的前提就是爱商能力的发散，当在性关系上发生问题时，能否透过温和柔软的方式寻求沟通，或借助咨询或借助医学介入手段来改善。在接触许多案例的过程中，最常听到就是双方性生活上的节奏不合拍，因为不合拍就会发生拒绝和抵触。低性商典型的表现，可能就是透过激烈言语的嘲讽，甚至是直接的身体语言来抗拒，"肢体抵触＋言语伤害"只会让对方心里有隔阂。无论当时的情况是拒绝还是接受，事后都应该好好想一下自己不愿意的原因，是因为身体不舒服、疲惫或是害羞？然后采取一个温和的沟通态度去和对方交流。积极面对问题，一同改善关系，才能更好地提高性商。

性不只是单纯的繁衍生育，被开发过的性具有能量，性商是性能量的聚集，让人充满爱，只有性无爱，将沦为身体感知简单粗暴的奴役，有爱无性，身体的空虚将会消磨爱意。结合我们前面提过的爱商，性爱结合与伴侣生活和谐，让自己在工作中充满活力。

四、有一个健康的生活状态

性生活的质量提升需要健康的身体，一次性生活所消耗的能量不亚于一次长跑，没有一定的体力很难达到高质量的性生活，所以平时的生活状态很重要，有没有良好的营养饮食习惯、身体锻炼习惯对于性生活的质量至关重要。

人的身体是一个整体，无论哪方面出现问题，都会影响人的性欲水平和性商指数，所以有一个健康的生活状态，养成健康生活的习惯亦是提高性商水平的积极要素。

有一种能量透过性而展现，联结了物质与灵性，帮助灵魂进入身体，使物质能孕育新生命。这种能量就叫"性能量"。（伊莉莎白·海契）

既然称之为"能量"，这便是能帮助生命机体绽放的一种无形力量，并且与人类社会中的创造力息息相关。首先必须是解决了基础的温饱需求，繁衍需求，人类开始在性活动中寻求愉悦及精神相融。具有高超性能量的人，可以超越肉体的欲望需求，不仅可以在性中提升身体健康，而且可以自如地交流爱意，并将这个能量投入生活和事业的方方面面之中，产生无比精彩的创造力。回到人类社会中，那些精彩的发明和艺术文学创作，都是性能量的转化和并发，才能让我们的人类文明产生如此璀璨的花火。

如果能够提升自己的性商，达到身心灵整合的方式，并将性能量转化为对伴侣无限的爱意，对下一代具有启发性的支持，并在事业财富乃至艺术创作上具有源源不断的创造力，甚至更高级别的在灵性振动上与宇宙同频，丰富自体及他人生命！

这才是性商的最高系数，也是人类区别于地球上其他生物的另一种能力。当我们完成了上述五个商数：美商、灵商、爱商、逆商、性商的追求，人生的"财富"自由方能实现。而什么是"财富"？让我们来谈谈六商中的最后一商：财商。

◆ 财商（FQ）

广泛而通俗的财商定义如下：

本意是"金融智商"，英文缩写为 FQ（Financial Quotient），财商指个人、集体认识、创造和管理财富的能力，包括观念、知识、行为三个方面。财商包括两方面的能力：一是创造财富及认识财富倍增规律的能力（价值观）；二是驾驭财富及应用财富的能力　。财商是与智商、情商并列的现代社会能力三大不可缺的素质。

财商（Financial Quotient）一词最早由美国作家兼企业家罗伯特·T. 清崎在《富爸爸穷爸爸》一书提出，"穷人为钱而工作，富人让钱为他工作。"这也是世界财商专家罗伯特·清崎的名言。这说明，穷人和富人的不同，一个重要的原因就在于财商的不同。著名的社会统计学理论"钟形抛物线"，运用在成功学上，揭示财富与人群的分布：失败者约占 15%，成功者约占 3%，80% 以上的人不富不穷。问题关键在于财商，即创富意识和创富能力的差异。这就是"富者越富，贫者越贫"的马太效应。这一效应看起来有些残酷，但在现实生活中普遍存在。

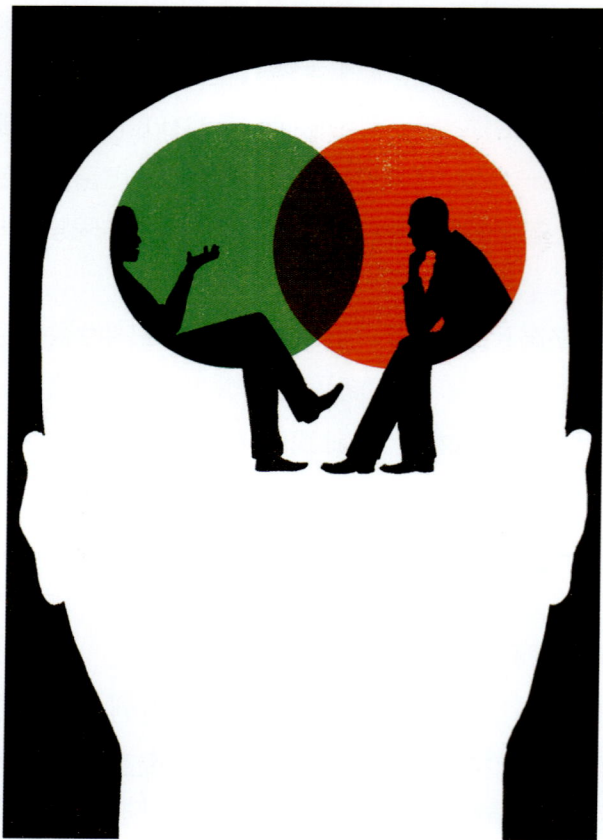

财商，泛指一个人与金钱（财富）打交道的能力。

然则在财商这部分还有一个我想在一开始就提出来的观点，追求人生财富中，最重要的根基，那便是健康！我们经常在追求实现人生财富自由的时候，忽略了健康的重要性，于是经常也会听到身边朋友在健康亮起红灯时，才会领会到高速奔跑追求财富的同时，也要注意健康才是追求财富最重要的基底。

健康的身体可以说是我们实现一切商数的基底。如果说创造价值及丰富自我及他人生命是灵商层次的最高追求，性商中追求和谐完满的性生活，美商中能够创造出属于自己的独特气质美，遭遇困境时可以有丰沛体力迎难而上。那么财商中的"财"，至关重要的依旧还是一个强健的身体打基础。于是管理好自己的健康即是管理好自己的财富，这个是财商观念里，至关重要的环节。

什么是金钱？金钱是对物质世界控制能力的数量化表现，金钱更是一种综合思想的能力，金钱思想能具体呈现一个人的智商、情商、财商、逆商（遇到逆境与挫败时的承受力）等。而什么是财富？我认为 "生命即关系，关系即财富"，而财富不仅仅只是一个金钱的数值，其和一个人的创造力和学习能力有很大的关系，"财"字是由"贝"与"才"组成，说明财富是靠才能赚来的，没有才能，不可能创造财富。一个具有财商能力的人，能透过自己的学习去整合关系，创造财富，因此财商高和自我学习力也是密不可分，一个自我学习和洞察力高的人，他一生都在精进，那么他对物质世界的控制就能更有宽泛的知识体系来支持。

金钱其实也是一种能量，对金钱的处理和把握也将更加娴熟和自然。也就是更加能够吸引钱，与钱更加有缘分。很多配得感不足的人，其实更多时候的体现就是内心力量不够，所以不足以支撑掌握金钱的能力。

首先何为配得感？就是资格感。你觉得你有资格赚到钱吗？你有资格把赚到的钱留住吗？你有资格轻轻松松的做事，但却可以享受富足的物质保障吗？

其次，要说一下具体用什么方法来提升配得感？提升配得感，首先我们要学习洞察自己内心的状态，要了解潜意识的思维模式。

而没有"配得感"，就是有一定的自卑感。或许我们很多人都会有过这样的时候当别人对你好的时候，总觉得不好意思，更有甚者觉得自己不值得被这样好的对待。

透过自我能力的提升取得与财富的配得感，没有配得感，财富就算短期拥有也会失去。所以我们常常听到这样的新闻，一夜中彩票的人，几年之间钱财散尽，这就是没有财商，财富与能力不匹配的经典案例。

可以这样理解，智商反映人作为自然人（自然状态下出生之人）的生存能力；情商反映社会人（社会人是在社会学中指具有自然和社会双重属性的完整意义上的人）的社会生存能力；而财商则是人作为经济人（人具有完全的理性，可以做出让自己利益最大化的选择）在经济社会中的生存能力。

　　财商可以通过培训、教育出来的。通过对财商的养育，其目的是树立正确的金钱观、价值观与人生观。财商是实现成功人生的关键因素之一。在人的一生中，财商、智商、情商形成的应该都是从小灌输养成，而不是一蹴可就。

　　财商的学习可以简化为四项主要技能组成：

　　1. 财务知识 / 即阅读理解数字的能力。

　　2. 投资战略，即如何把金钱透过策略来创造。

　　3. 市场、供给与需求，提供市场需要的东西。

　　4. 法律规章，有关会计、法律及税收之类的规定。

　　要创造财富必须具备财商的三大要素。

　　1. 财富观念

　　财富观念是创造财富的促成基础，就像房子的地基没有正确的财富观念就不可能走上致富之路。

　　2. 财富素质

　　财富素质是经营活动中必须具备的修为和能力，是创造财富的基本保障，如个人品格，经济，财务知识，投资和法律知识等方方面面完整的知识。

　　3. 财富创造能力

　　财富创造是一种实践活动，它将财富观念和财富素质创造性的融进实际经营活动的方方面面，在智商，情商，人际关系的整合发挥下，将财富观念和财富素质转化为现实的财富，如储蓄、投资、资本运作、创业、规避风险等，这是财商的最高成就，透过财富创造力的运用，实现人生中的财富自由。

　　现代社会，经济及金钱现象无处不在，人们对金钱的态度、获取和管理金钱的能力，对于人们生活的富足、幸福感影响越来越大。但是金钱并不是衡量人生一切幸福的唯一指标。

　　以上六商的能力，我们细究其中关系，会发现也许六商能力可以独立培养，

在信息化时代，对于企业来说，什么是资产？流程就是资产！

财商即金融智商和系统智商。财商：是持续不断的流程优化智慧与能力！

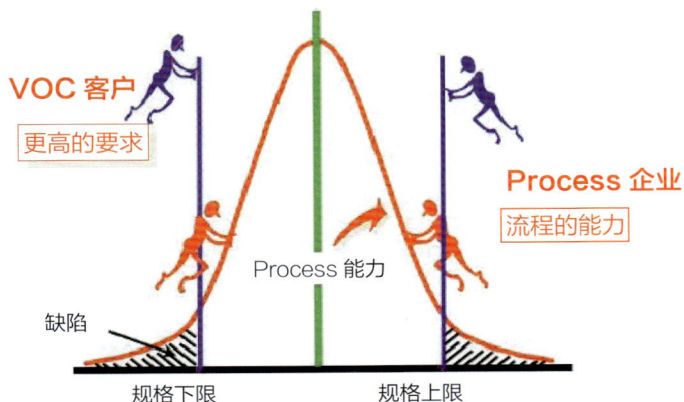

VOC 客户

更高的要求

Process 企业

流程的能力

Process 能力

缺陷

规格下限　　　　　　规格上限

流程表现水平，只是客户声音与企业能力的短暂平衡！

财商即金融智商和系统智商

但更重要的是六者密不可分的关联。 是六商的互为串联，助力了气质美学的系统养成。对于一个"气质美人"的图像到此我们就更为清晰了：她充满爱的能力，能够处理各种人的关系，让人与之相处总让人如坐春风—— 这是爱商；她浑身充满让人想靠近的性魅力，和伴侣关系和谐，性能量的流转让她充满创造力并丰富了他人的生命——这是性商；她从不依附男人，有自己独立创造财富和健康的能力，经济独立并与其财富配位，对金钱有所求但不有所贪——这是财商；她虽然外表精致年轻，但她绝不是没有故事的人，她世故而不沧桑，她曾经有过困顿，却在挫折中破蛹成蝶——这是逆商；外表的美或张扬艳丽或清新脱俗，都是她独特而让人印象深刻的外显样貌，她内在品位高雅，饱览群书，谈吐不一般，随时传递出美的信息——这是美商；如果还能在灵性层次上，感知到他人或天地的共频，追求利于他人的梦想和追求——这是灵商。

性商高的人，爱商不会低。财商高的人，逆商不会低。灵商高的人，必然是美商的最高境界。这里我想提出珍·古德。作为世界上拥有极高声誉的生物学家，动物行为学家和动物保育人士，她一生致力于野生动物保育和环境教育。每每看到她年轻或年长后白发苍苍的模样，总忍不住发自内心的赞叹，她好美啊！这个美不在于雕琢的衣饰或妆面，也不在完美没有皱纹的脸庞，她的灵性之美已经穿破表象的一切，成为一种象征符号一样的精神，老去对她来说没有意义，因为她超高的灵商已经到达美的极致，带动了世界与生命的链接。

我把财商放在六商的最后一个板块，是因为人生最高实现的财富自由，就是拥有健康的金钱观，更有健康的身体，在物质丰沛的世界里，不被物欲所控制，不被金钱所奴隶，人生的财富自由不是银行的存款数字，而是通过对于这些存款数字的管理，实现自己的梦想和人生价值。

◆ 气质美学在生活中的实践

如今女人在众多领域中的优势及专业表现越显突出。那种传统的只以貌取人的时代就越日益离我们远去。社会不再只强调对女性作单一外貌评价，而更加注重对综合气质的认知，而气质美学在生活中的实践也必然是方方面面的，以下是在了解了六商后，我们在生活中如何实践的一些建议。

1. 气质美学表现在仪表上的得体精致。一定要重视自己的外貌和服饰，良好的外貌形象体现出你对生活的态度，得体的衣饰，也可以使别人看出你的审美修养。追求美是女人的共性，但总有许多女人却因为求美心切把自己打扮得过犹不及。女人的气质是离不开外表的，再丰盈的内涵，再充实的底蕴，都必须以外表为依托。所以，女人必须要懂得装扮自己，它至少具体表现在：明白自己的外表类型，知道自己长相上的长处和不足，从而去搭配适合自己的发型，决定穿什么颜色的衣服，并且在什么场合下搭配什么样的服饰诸如此类，这都是一个气质型女人所必须具备的最基本的素质。总之，仪表的装扮是女人必须终生钻研的学问。

2.气质美学表现在举止态度上。一举手，一投足，走路的步态，待人接物的风度，皆属此列。热情而不轻浮，大方而不做作。凡事讲求有节有度，这就是举止的重要性。举止是一个人整体涵养最外显的表征，试想如果一个妆容精致，一身名牌加身，却在飞机上对着乘务员不小心的服务失误大吼大叫，或是对着停车场的保安颐使气指，这种举止就是没有节度，破坏了原来精致仪表想传达吸引人的平衡。

3.好的性格有助于好的气质形成。女性的美貌往往是直接的吸引力，但真正能长久地吸引人的确是你的性格。正如索非亚·罗兰所说："应该珍爱自己形体的缺陷，与其消除它们不如改造它们，让它们成为惹人怜爱的个性特征。"

要注意自己的脾气涵养，忌怒，忌狂。开朗的性格往往透出天真烂漫的真诚气质，更易表现内心的感情，而富有情感的人更能引起别人的共鸣。

4.培养高雅的兴趣也是实践气质美学的一种方法。

爱好文学并有一定的表达能力，欣赏音乐且有较好的乐感，喜欢艺术而有基础的鉴赏力等。有许多女人并不是美若天仙，但在她们身上却洋溢着夺目的气质：聪明、洒脱、敏锐。这是真正的美，和谐统一的美。兴趣是人生最好的老师，更是女人修炼气质美学的途径之一。音乐让你接近灵魂，写作丰富自我，绘画可以提高审美，手工艺使你变得心灵手巧，而这些便组成了女人气质中部分的艺术气质。高雅的志趣会为女性之美锦上添花，各种各样的女性气质，都跟人品、性情、学识、智力、身世经历和思想情操分不开的。要想获得优雅的气质和风度，离不开良好的教育和修养。

5.在生活中做真实的自己。女人的气质是做作不出来的，我们无须过度的修饰及包装来掩饰自己的不足，任何一个人都有缺点，要允许、正视和改正自己的缺点，而不是一味地掩饰。现实生活中，但凡一个有魅力的人，首先他都是真实的，只有真实的你才是最能打动人的。

6. 在生活中做自信的自己 。女人的气质有相当大的一部分来自于其本人的自信，自信的女人总是能够给人一种光鲜和积极的力量，她们昂首挺胸大步地行走，他们落落大方面灿烂地微笑，和这样的女人在一起，我们时刻可以感受到扑面而来的优雅气质。当然，自信并不是让女人去盲目地自我，也不是让自己容不下他人的意见，更不是让狂妄自大，妄自菲薄。而是从容的让自己的优点发光，修正缺点，打从内心喜爱和接受自己。

7. 气质美学表现丰富的内心世界。气质，属于内心有风景的女人。心中有理想是一个重要指向。没有理想的追求，只有空虚贫乏内心，是谈不上气质美的。内心的品德更是一个重要方面，为人诚恳、心地善良是不可或缺的，宽阔的胸襟带来气度及自由，一个内心和阅历丰富的女子，如同一本好书，反复翻阅也能读出不同的深度。

综合以上对气质美学在生活中的实践，加上对六商的认知，学习如果能使用得当，就会对个人气质养成，再有一个质的飞跃。一个人的气质藏在你看过的风景，读过的书里，走过的路，遇过的人里。我们说的气质美学，是一个完整的系统提升；透过基础改变自己的面貌，外形搭配，六商能力的学习，从内而发焕发出属于你自己，独特的，定制的气质美学。可以是温柔知性，可以是清冷高贵，可以是热情甜美。不管任何一种气质，这样的美都是让人过目难忘，只属于你独一无二的不可复刻，相处后皆能如坐春风，或是能从你身上获得非常独特的能量转化！愿每一位心随相转准备改变的你，都能如同破蛹的毛虫，幻化成美丽的蝴蝶，向幸福的花园飞去吧！

我的使命是：传播气质美学，让女性提升六商——美商、灵商、爱商、逆商、性商和财商的能力，为爱美、追求美的人士全方位定制专属化、定制化、高效化的美丽方案！"Best life——让生活更美好"！

后记

2020 年，是对全世界都异常艰难的一年，我在 2020 年的年末写下这篇后记，更为感触良多，我们终于平安地度过了这一年。纵观人类对于美的追求，并没有因为人类发展历史上曾经的天灾人祸，停止对美的追求。反观，都是因为世界大的变故，促进人类思想的高度跃进，所有对美的追求也是对自然的反观，只有做一个内外在和谐平衡之人，才能达到美的基础要求。我们反复探讨的气质美学，也是我们从外观内，从内观外的自我调整。爱美之心人皆有之，万物都有趋美性，连自然界里，长得好看、色彩鲜艳的雄性也更能吸引雌性，繁衍留下更为优质的基因。我在美业行业多年，见证了中国女性，乃至男性对于美的追求，有了一个质的改变，不再只是单纯追求皮相之美，而是懂得了，皮相是内心能量和世界观的映照。一张精致的脸蛋，如果出口总是粗暴无礼，举止傲慢鄙俗，会让接触的人倒尽胃口。反之，一张五官不尽完美的脸，却透过后天的加工修饰（彩妆、服饰、保养、微调），并且修化内蕴，出口成章，笑容灿烂，所到之处让人皆如坐春风，这才是气质美学的真正践行者。

我认为，"气质，是一个由内而外散发的独特味道，是魅力永恒的行走镁光灯"，外在的美，应与内在的成长互为补充，两者是相辅相成的魅力提升器，一个好的外在增加内在正向的磁场强度，强大的内在磁场映照在优质的外表上，就是所谓"相得益彰"！

感谢每位阅读至后记的美人，你们一定有对于美的崇高追求。愿这本书为你们带来对于六商助力气质美学的系统认知，并且让我们一起，在美的路上孜孜不倦！